国家自然科学基金青年科学基金项目(51804111)资助
湖南省自然科学基金青年科学基金项目(2020JJ5194)资助
湖南科技大学学术著作出版基金项目资助

沿空留巷充填区域直接顶稳定控制研究

张自政 著

中国矿业大学出版社
·徐州·

内 容 提 要

本书主要内容包括沿空留巷充填区域直接顶强度衰减和剪胀变形规律研究,沿空留巷充填区域直接顶不同时期受力状态研究,沿空留巷充填区域直接顶变形、传递载荷、承载机制研究,沿空留巷充填区域直接顶稳定控制技术研究。本书所述研究内容具有前瞻性、先进性和实用性。

本书可供采矿工程及相关专业的科研及工程技术人员参考使用。

图书在版编目(CIP)数据

沿空留巷充填区域直接顶稳定控制研究 / 张自政著
. —徐州:中国矿业大学出版社,2022.6
ISBN 978 - 7 - 5646 - 5051 - 3

Ⅰ. ①沿… Ⅱ. ①张… Ⅲ. ①煤矿开采—采空区充填
—研究②煤矿开采—沿空巷道—研究 Ⅳ. ①TD325
②TD263.5

中国版本图书馆 CIP 数据核字(2021)第 122852 号

书　　名	沿空留巷充填区域直接顶稳定控制研究
著　　者	张自政
责任编辑	马晓彦
出版发行	中国矿业大学出版社有限责任公司
	(江苏省徐州市解放南路　邮编 221008)
营销热线	(0516)83884103　83885105
出版服务	(0516)83995789　83884920
网　　址	http://www.cumtp.com　**E-mail**:cumtpvip@cumtp.com
印　　刷	徐州中矿大印发科技有限公司
开　　本	787 mm×1092 mm　1/16　**印张** 9.5　**字数** 181 千字
版次印次	2022 年 6 月第 1 版　2022 年 6 月第 1 次印刷
定　　价	36.00 元

(图书出现印装质量问题,本社负责调换)

前　　言

　　沿空留巷充填区域直接顶向下传递基本顶对巷旁充填体的载荷和旋转变形、向上传递充填体对基本顶的支撑作用,在工作面超前支承应力和工作面支架反复支撑作用下(反复受载),充填区域直接顶稳定性差,该区域直接顶稳定状况是综采放顶煤、复合顶板等松软破碎顶板沿空留巷能否成功的关键因素之一。本书综合采用现场实测、实验室试验、理论分析、数值模拟、工业性试验等方法,系统研究沿空留巷充填区域直接顶变形、载荷传递、承载机制及稳定控制技术,主要研究成果为:

　　(1)基于对沿空留巷充填区域直接顶力学介质的评估,设计了直接顶岩样三轴卸荷试验的应力路径,采用多级轴压多次屈服三轴卸围压试验的方法测定了充填区域直接顶峰后损伤岩样的卸荷力学参数(强度衰减和剪胀变形规律),建立了考虑岩石峰后剪胀效应的沿空留巷充填区域反复受载直接顶卸荷力学应变软化模型,在FLAC³ᴰ数值计算软件中实现了考虑沿空留巷充填区域直接顶强度衰减和剪胀变形的数值计算。

　　(2)推导了不同时期沿空留巷充填区域直接顶垂直应力和水平应力表达式,研究得到了工作面液压支架支撑护顶阶段、无巷旁充填体支撑阶段、巷旁充填体增阻支撑阶段、巷旁充填体稳定支撑阶段充填区域直接顶垂直应力和水平应力分布特征,同时给出了不同时期充填区域直接顶拉应力作用范围和水平错动范围的计算式,结果表明:随着顶板回转下沉角的增大,充填区域直接顶拉应力作用范围逐渐减小,水平错动范围逐渐增大。

　　(3)研究了巷旁充填体宽度、直接顶岩性、直接顶厚度与煤层厚度比值等因素对沿空留巷充填区域直接顶变形特征影响规律;基于沿空留巷直接顶的不均匀受力特征和两帮的不均衡承载特征,建立了沿空留巷巷旁支撑系统载荷传递作用力学模型和沿空留巷充填区域直接顶承载力学模型,推导给出了沿空留巷充填区域直接顶载荷传递能力计算式、沿空留巷直接顶不均匀受力系数计算式和沿空留巷充填区域直接顶承载能力计算式,得到了充填区域直接顶载荷传递能力、直接顶不均匀受力系数和直接顶承载能力影响因素和影响规律。

(4) 研究了锚杆支护对直接顶岩体剪胀变形的控制作用,并分析了沿空留巷充填区域直接顶和基本顶离层变形的控制原理,开发了沿空留巷充填区域反复受载直接顶分区域动态加固稳定控制技术:工作面超前采动影响区域以外提前采用锚杆锚索支护提高实煤体帮支护强度;工作面液压支架支撑护顶阶段,提前采用高预应力锚索支护技术将充填区域直接顶和基本顶锚固为整体,液压支架带压移架,提前采用高预应力、高强度、高延伸率锚杆支护技术加固充填区域直接顶;无巷旁充填体支护(临时支护)阶段,充填区域采用高阻力单体液压支护补充充填区域直接顶支护强度,确定合适的充填区域宽度,在充填区域外侧临时支护区域采用充填液压支架适当提高对顶板的支护强度和加大临时支护宽度;巷旁充填体增阻支撑阶段和稳定支撑阶段,采用增阻速度快的巷旁充填材料及时支撑充填区域直接顶,提供垂直方向上的支撑载荷。

本书共 7 章,第 1 章介绍了本书的研究背景、意义和国内外研究现状;第 2 章介绍了沿空留巷充填区域直接顶强度衰减和剪胀变形规律;第 3 章介绍了沿空留巷充填区域直接顶不同时期应力分布规律;第 4 章介绍了沿空留巷充填区域直接顶变形、传递载荷和承载机制;第 5 章介绍了沿空留巷充填区域直接顶稳定控制技术;第 6 章介绍了工程实例;第 7 章对本书所做的工作进行了总结。

本书的出版获得了国家自然科学基金青年科学基金项目(51804111)、湖南省自然科学基金青年科学基金项目(2020JJ5194)、湖南科技大学学术著作出版基金项目的资助。

由于笔者水平所限,书中难免存在疏漏之处,敬请读者不吝批评和赐教。

作 者

2022 年 3 月

沿空留巷充填区域直接顶稳定控制研究

目　　录

沿空留巷充填区域直接顶稳定控制研究

1 绪　　论

1.1　研究背景与意义

21世纪以来,随着我国经济的持续快速发展,煤炭等化石能源需求量也迅速增加,煤炭产量从2008年的27.485 7亿t增长到2012年的36.6亿t,增幅高达约33.2%[1]。地下开采煤矿生产地质条件愈加复杂,瓦斯和水害威胁严重,开采深度超过1 000 m的矿井已达39对[2];与此同时,矿井采掘接替日益紧张,巷道掘进率高,多煤层开采煤柱应力集中问题严重,限制了矿井的安全高效生产。因此,为了解决这一瓶颈问题,国内众多学者和现场工程技术人员开展了大量的沿空留巷技术研究和工业性试验。

沿空留巷是指通过合理的巷内支护和巷旁支护技术,沿采空区边缘将本区段工作面一条回采巷道保留下来,实现相邻区段工作面复用的无煤柱连续开采的回采巷道布置方式[3-8]。沿空留巷技术具有降低巷道掘进率、缓解采掘接替紧张、提高煤炭采出率、消除多煤层开采煤柱区域的应力集中效应、实现工作面Y型通风、解决隅角瓦斯积聚、降低工作面温度、改善作业环境等优点,是煤炭资源绿色、安全、高效的开采技术之一[3-5,9-24]。

沿空留巷不同于普通回采巷道,工作面回采后通常需要在采空区边缘(充填区域)构筑一定宽度的巷旁充填体将巷道保留下来,如图1-1所示。沿空留巷充填区域顶板是采空区构筑的巷旁充填体上方顶板,该区域顶板(主要是直接顶或者顶煤)起到向下传递基本顶的载荷及旋转作用、向上传递充填体对基本顶的支撑作用[25-27]。由于受工作面超前支承应力的加卸荷作用、工作面液压支架反复支撑作用,充填区域直接顶出现强度衰减和剪胀变形,而巷旁充填体往往出现接顶不实以及直接顶与基本顶之间存在较大离层致使无法传递巷旁充填体支护阻力、顶板回转下沉量大,从而造成沿空留巷顶板和巷旁充填体严重破坏,无法沿空留巷。因此,充填区域直接顶的稳定对沿空留巷的成功实施有重要影响。

沿空留巷充填区域直接顶具有以下特殊性:① 沿空留巷充填区域直接顶经历多次加卸载作用,包括本工作面超前支承应力的作用、工作面液压支架反复支

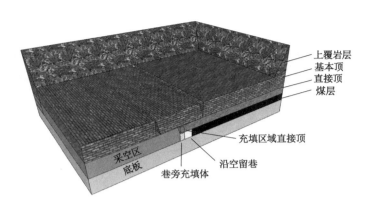

图 1-1　巷旁充填沿空留巷模型图

撑作用、上覆岩层破断失稳再稳定的剧烈活动作用。② 反复受载时充填区域直接顶出现强度衰减和剪胀变形。多次加卸载作用必然导致充填区域直接顶稳定性降低，且强度和刚度都会降低，直接顶剪胀变形明显，顶板自身承载能力和传递承载能力均会下降[28]。③ 充填区域直接顶往往需要提前进行加固，充填区域直接顶受到超前支承压力作用后已发生一定的倾斜，在沿空留巷围岩活动稳定前，基本顶的回转下沉导致直接顶还将发生较大的倾斜并产生横向剪切作用。然而，沿空留巷充填区域直接顶的强度衰减、剪胀变形规律及稳定控制研究仍处于起步阶段，沿空留巷尤其是综采放顶煤、松软顶板、复合顶板等沿空留巷[15,18,29-30]过程中顶板下沉量过大、巷旁充填体变形过大时有发生。

为此，本书结合山西阳煤集团新元煤矿的中厚煤层巷旁充填沿空留巷工程实践，开展沿空留巷充填区域直接顶变形、载荷传递、承载机制及稳定控制的系统研究，在研究充填区域反复受载时直接顶强度衰减、剪胀变形规律的基础上，研究多次加卸载作用对充填区域直接顶稳定性的影响规律，提出沿空留巷充填区域直接顶稳定控制机理，并基于对沿空留巷充填区域直接顶变形特征和充填区域直接顶载荷传递、承载作用机制的分析，研究锚杆支护对充填区域直接顶剪胀变形的作用关系，以及不同阶段充填区域直接顶与基本顶离层变形的控制原理，据此开发了沿空留巷充填区域直接顶稳定控制技术，不仅可以丰富沿空留巷围岩控制理论，而且可以为沿空留巷的推广应用提供保障，具有重要的理论意义和实际应用价值。

1.2　国内外研究现状和发展动态

从 20 世纪 50 年代开始，欧洲主要产煤国家（英国、德国、波兰、俄罗斯）以及中国等陆续开展沿空留巷试验研究[11,31]，经过半个多世纪的发展和完善，巷旁支护经历了矸石墙、密集支柱、砌块、混凝土材料、高水材料的发展过程[13-14,17,19,21-22,24,32-36]，巷内支护形式由木棚支护、工字钢支架支护发展到U型钢可缩性金属支架支护和锚网索支护[5,16,37-43]，工程应用由薄煤层、中厚煤层开采延伸到普通一次采全高厚煤层开采以及厚煤层综采放顶煤开采[12,23,44-56]。国内外专家学者及现场工程技术人员在沿空留巷围岩控制方面取得了一大批研究成果和有益结论。

由于沿空留巷巷旁充填体构筑一般是位于本工作面后方，当充填区域直接顶受到工作面超前支承压力作用影响后，直接顶产生一定的损伤，完整性降低；当工作面开采以后，充填区域直接顶裂隙发育，发生扩容变形；在工作面端头液压支架反复支撑的加卸载作用下，顶板节理裂隙更加发育，完整性进一步恶化；在巷旁充填体开始承载之前，受上覆岩层向采空区侧旋转下沉作用，充填区域直接顶损伤、破坏必然加剧，充填体上方顶板裂隙进一步扩展并产生新裂隙，出现裂隙贯通的现象，充填区域顶板极易出现离层甚至垮冒[57-58]。为了保障沿空留巷的成功实施，必然要掌握沿空留巷充填区域直接顶稳定控制机理，而目前相关研究成果较少。

1.2.1 沿空留巷充填区域直接顶卸荷力学性能研究

巷道掘进及工作面的开采都将使附近煤岩体经历复杂的采动应力加卸荷作用；工作面前方煤岩体在未受采动支承应力影响时主要承受自重应力场的作用；当过渡到采动影响区域后，煤岩体受工作面超前支承应力的作用，包括弹性区煤岩体最大主应力 σ_1 升高而最小主应力 σ_3 减小（即卸荷）、塑性区煤岩体最大主应力 σ_1 减小而最小主应力 σ_3 减小（即卸荷）；对于沿空留巷的工作面，充填体上方的煤岩体在液压支架移架过程中，最小主应力 σ_3 减小（即卸荷），直至巷旁充填体构筑完成。这一采动应力演化过程直接影响了巷旁充填体上方直接顶岩体的承载能力[59-61]，巷旁充填体上方直接顶岩体受采动卸荷作用的影响，岩体的强度参数发生衰减，剪胀扩容变形剧烈，剪胀角明显增大。因此，有必要根据沿空留巷充填区域直接顶的受力工况，设计相应的室内试验研究分析直接顶岩样的强度衰减规律和剪胀变形规律。

1.2.1.1 卸荷作用下岩石室内试验研究

1966 年刚性伺服试验机[62]出现后，关于岩石卸荷作用下岩石力学参数研究取得了较多成果。Shimamoto[63]提出了三轴卸围压的试验方法，并给出了不同围压条件下岩石的摩擦强度；李天斌等[64]采用等围压三轴卸荷试验开展了玄武岩变形破坏特征研究；尤明庆等[65]以塑性变形量和本征强度统一开展了三轴压缩和三轴卸围压两种应力路径下的大理岩试验;高春玉等[66]开展了多种应力路径下的大理岩三轴卸荷试验;邱士利等[67-68]开展了不同初始损伤程度和卸荷路径下的大理岩三轴卸围压试验,提出了应变围压增量比和统一围压降等卸荷力学描述参量,并结合扩容参数和塑性内变量分析得到了初始损伤程度和卸荷路径对大理岩卸荷变形破坏的影响规律;牛双建等[69]开展了单轴压缩、常规三轴压缩和三轴峰前、峰后卸围压4种不同加载路径下的砂岩破坏模式研究,并采用能量法分析试验结果;王瑞红等[70]根据实际边坡工程开挖后应力变化状态开展了砂岩三轴卸荷试验,研究了卸荷状态下岩体的应力-应变特征、破坏特征及力学参数变化规律;周家文等[71]开展了砂岩的单轴循环加卸载、三轴峰前和峰后卸围压试验,给出一种根据应力-应变曲线计算损伤变量的方法;郭印同等[72]依据金坛地下盐穴储气库工程腔体围岩实际受力状态,开展了盐岩三轴卸围压力学特性试验,并与常规三轴压缩试验比较;姜德义等[73]开展了盐岩单轴压缩和三轴卸荷扩容试验,结果表明与单轴试验相比,卸荷试验的扩容速率更慢,扩容幅度更小;原先凡[74]开展了砂质泥岩三轴压缩及卸荷试验,得到了不同应力路径下岩石的强度、变形、破坏特征以及岩石的基本力学参数;周鹏[75]通过开展砂质泥岩的单轴压缩、三轴压缩和三轴卸荷试验,研究了不同围压及应力路径下砂质泥岩的变形破坏特征和强度特性;王宇[76]开展了完整及含不同倾角节理软岩的恒轴压卸围压试验,研究了卸荷速率和节理倾角对软岩强度及变形破坏特征的影响;刘泉声等[77]开展了高应力下不等量卸围压和轴压的原煤卸荷试验,研究了卸荷条件下原煤的变形、强度、参数及破坏特征。此外,还有众多国内外学者开展了岩石的卸荷试验,如高峰等[78]开展了石灰岩峰前卸围压和峰后卸围压两种三轴卸荷试验;黄炳香等[79]开展了煤岩组合体的加载和卸荷试验;黄达等[80]开展了大理岩不同初始围压条件下不同卸荷速率的三轴试验;Martin[81]开展了花岗岩的三轴卸荷试验。

Lau等[82]指出考虑岩体的实际开挖过程,采用卸荷试验的方法测定岩石的力学参数较加荷试验更为准确;基于采动卸荷岩体,谢和平等[83-84]根据深部开采所处的应力环境,为确定三轴试验中煤岩体的峰值应力大小、轴向-横向应力比例等关键参数,通过升高轴向应力的同时降低围压的方式来模拟垂直应力和水平应力的变化,开展了三向等压的煤岩样室内试验;左建平等[85]在此基础上,开展了灰岩的恒定降围压、变速率加轴压的三轴卸荷试验,研究了不同开采卸荷条件下的应力路径对围岩的力学行为影响。

众多学者研究结果表明:① 随着岩样破坏时围压的增大,岩样破坏形式也逐渐发生变化,变形特征表现为沿卸荷方向的剪胀扩容变形;② 卸荷条件下试样变形表现出明显的塑性变形特征;③ 卸荷条件下岩样强度参数对围压变化更加敏感;④ 不同的卸荷应力路径下,岩样强度参数衰减规律明显不一致。

1.2.1.2 卸荷作用下岩石力学变量的定义

选取合适的力学变量评价岩样在不同应力路径和不同初始损伤程度下的强度损伤规律,是室内三轴卸荷试验结果有效应用于工程的基础。基于此,国内外众多学者根据室内试验以及弹塑性理论力学,提出了一些用于描述卸荷作用下岩样强度损伤规律的力学变量,主要包括损伤变量、强度特征及剪胀角,介绍如下。

（1）损伤变量

损伤变量的定义可归为两类:一类是通过对微结构的物理分析来定义,如孔隙的数目、长度、面积、体积、形状、排列和由取向所决定的有效面积等,并假定上述因素是造成材料损伤的主要原因;另一类是根据试验数据来定义,如弹性模量、变形模量、屈服应力、抗拉强度、伸长率、密度、电阻及超声波波速。第一类定义的优点是简单直观,缺点是不能计入节理裂纹间的相互影响和裂纹尖端部位应力奇异性;第二类定义能弥补第一类定义的不足。

鞠杨、谢和平等[86-87]提出了一种具有耦合塑性变形和损伤变形机制的弹塑性损伤变量定义方法,即:

$$D = 1 - \left(1 - \frac{\varepsilon_\mathrm{p}}{\varepsilon}\right)\frac{\widetilde{E}}{E} \tag{1-1}$$

式中:ε_p、ε 分别为卸载后的残余应变和卸载时的总应变;E 为材料无损伤时的弹性模量;$\widetilde{E}$ 为材料有损伤时的弹性模量,即卸载模量。

曹文贵、曹瑞琅等[88-89]采用基于勒梅特应变等价性假设和统计理论的损伤模型定义的损伤变量,并分别考虑损伤阈值影响和残余强度建立相应的岩石损伤软化统计本构模型,其中损伤变量 D 可以采用下式表示:

$$D = 1 - \exp\left[-\left(\frac{F}{F_0}\right)^m\right] \tag{1-2}$$

式中:m 及 F_0 均为岩石微元强度随机分布参数;F 为各自定义的岩石微元强度。

李伟红[90]根据砂岩的三轴卸荷试验结果,结合能量法,提出了以材料变形中的能量消耗(变形能)定义损伤变量,即损伤变量为岩石用于生成损伤的能量和岩石因损伤失效所消耗的总能量之比。

刘建锋等[91-92]通过开展大理岩单轴压缩低周循环载荷试验,基于谢和平等提出的弹塑性损伤变量计算式[式(1-1)]以及通过滞回环得到的不同卸载模量,对岩石损伤特征进行研究,其对应损伤是由能量耗散引起的岩石不可逆变形过程。

彭瑞东等[93]通过开展煤岩的三轴循环加卸载试验,提出根据煤岩应力变化时的损伤耗散能定义损伤变量为:

$$D = \frac{2}{\pi} \arctan \frac{\Delta E_{\mathrm{d}}}{\Delta \sigma} \tag{1-3}$$

式中：$\Delta \sigma$ 为应力增量；ΔE_{d} 为对应的损伤耗散能增量。当 $\Delta E_{\mathrm{d}} = 0$ 时，$D = 0$，没有损伤。当 $\Delta E_{\mathrm{d}} \to \infty$ 时，$D = 1$，损伤极端严重。实际上煤岩的损伤耗散能增量不可能是无穷大的，当其达到某一临界值时，煤岩就会破坏。

（2）强度特征

王瑞红等[70]开展的砂岩三轴卸荷破坏试验结果表明：与加载试验比较，卸荷破坏时岩石黏聚力降低了 4% 左右，内摩擦角增大了 12% 左右。高春玉等[66]开展的大理岩三轴卸荷试验结果表明：与加载试验比较，卸载试验下的变形模量减小，抗剪断强度参数中黏聚力大幅度减小，内摩擦角略有增大。李伟红[90]开展了三种不同卸荷类型下砂岩的三轴试验，结果表明：卸荷条件下砂岩的强度都低于主动压缩下的强度，并且强度随初始轴压、初始围压和围压卸荷速度增加而增加。孙旭曙[94]开展了砂岩的三轴卸荷试验，结果表明：加载和卸载试验应力路径不同，强度参数有很大区别，加载试验时岩石强度参数最大，卸载时有不同程度的降低，内摩擦角降低至加载试验的 79% ~ 88%，而黏聚力分别降低 83% ~ 91%。

邱士利等[68]提出采用相对强度方法来降低岩样强度离散差异的影响，即采用"统一化围压降参数 k"来表征不同损伤程度下岩石强度的特征，是岩石卸荷破坏时围压降低量相对初始围压的比率 R 与强度离散程度归一化参数 U 之比，其中强度离散程度归一化参数 U 为三轴压缩峰值强度与初始轴向应力水平和峰值强度之差所表征的储备强度的比值，即：

$$\begin{cases} k = \dfrac{R}{U} \\[2mm] R = \dfrac{\Delta \sigma_3}{\sigma_3^0} \\[2mm] U = \dfrac{\sigma_{\mathrm{tri}}^{\mathrm{c}}}{\sigma_1^0 - \sigma_{\mathrm{unl}}^{\mathrm{u}}} \end{cases} \tag{1-4}$$

式中：$\sigma_{\mathrm{tri}}^{\mathrm{c}}$ 为岩样在相同初始围压时对应的三轴压缩峰值强度，对于卸荷试验该强度参数需要根据体积回转应力水平反算；$\sigma_{\mathrm{unl}}^{\mathrm{u}}$ 为卸荷破坏时的三轴强度；σ_1^0 为卸围压试验设定的初始轴向压力水平。

（3）剪胀角

在塑性力学中，为了表征岩石的扩容，通常采用剪胀角来表示岩石的非弹性体积膨胀变形。Vermeer 等[95]根据三轴试验结果认为岩石剪胀角至少比内摩擦角小 20°，岩石剪胀角 ψ 可以采用下式计算：

$$\psi = \arcsin\left(\frac{\dot{\varepsilon}_v^p}{-2\dot{\varepsilon}_1^p + \dot{\varepsilon}_v^p}\right) \tag{1-5}$$

式中：$\dot{\varepsilon}_v^p$ 和 $\dot{\varepsilon}_1^p$ 分别为体积和轴向塑性应变增量，其中 $\dot{\varepsilon}_v^p = \dot{\varepsilon}_1^p + 2\dot{\varepsilon}_3^p$，$\dot{\varepsilon}_3^p$ 为环向塑性应变增量。实际上，Hoek 等[96] 建议在工程应用中剪胀角取为常量，根据岩体质量将剪胀角分为三类：当岩体质量很好时，建议取剪胀角为内摩擦角的 1/4；当岩体为中等质量时，建议取剪胀角为内摩擦角的 1/8；当岩体质量较差时，建议取剪胀角为 0。

众多学者开展的三轴试验[97] 表明：围压增大对岩石扩容有明显的抑制作用，随着围压的增大，岩石卸荷条件下的扩容特征逐渐减弱。

为了评估卸荷作用下岩石的扩容程度，Yuan 等[98] 根据围压减小则岩石剪胀角减小的规律，提出了岩石"剪胀系数"I_d 的概念，即定义 I_d 为某一围压下的剪胀角（三轴试验条件）与单轴试验条件下的剪胀角之比。

Zhao 等[99] 根据 7 类岩石在不同围压条件下的三轴试验结果，结合塑性力学理论，采用非线性拟合方法建立了一个同时考虑围压和塑性剪切应变的岩石剪胀角模型：

$$\psi = \frac{ab\left[\exp(-b\gamma_p) - \exp(-c\gamma_p)\right]}{c - b} \tag{1-6}$$

其中：

$$\begin{cases} a = a_1 + a_2\exp(-\sigma_3/a_3) \\ b = b_1 + b_2\exp(-\sigma_3/b_3) \\ c = c_1 + c_2\sigma_3^{c_3} \end{cases} \tag{1-7}$$

式中：ψ 为岩石剪胀角；$a,b,c(i=1,2,3)$ 均为拟合系数；σ_3 为围压；γ_p 为塑性剪切应变。

另外，邱士利等[68] 提出采用应变围压增量比 $\Delta\dot{\varepsilon}$ 表征某方向变形对围压降低的敏感程度，$\Delta\dot{\varepsilon}$ 是指在卸围压起始点和应力跌落点之间由卸围压而引起的应变增量与围压降低量之比，可表示为：

$$\Delta\dot{\varepsilon} = \frac{\Delta\varepsilon_i}{\Delta\sigma_3} \tag{1-8}$$

式中：$\Delta\varepsilon_i(i=1,3$ 和 $v)$ 分别表示轴向应变增量、环向应变增量和体积应变增量三者相应的塑性应变增量。

1.2.2 沿空留巷充填区域直接顶变形机制研究

1.2.2.1 沿空留巷充填区域直接顶变形机制理论研究

沿空留巷充填区域直接顶的稳定性不仅影响充填区域顶板变形，而且影响沿空留巷巷道围岩的整体变形。李胜、李迎富、卢小雨、陈勇、张自政等[100-104]采用能量法或变分法分析了沿空留巷顶板（煤）下沉量的影响因素及规律，结果表明沿空留巷巷道宽度越大，顶板下沉量越大，稳定性越差，具体表现为：受本工作面超前支承应力加载作用和工作面开采的卸载作用、工作面液压支架反复支撑作用的影响，充填区域直接顶强度降低、裂隙发育，在上覆岩层剧烈活动过程中，顶板会发生离层和弯曲下沉，甚至垮冒。工作面埋深、沿空留巷巷内支护参数、巷旁充填体宽度、煤岩层力学性质均会对充填区域直接顶的载荷传递及自身承载作用产生影响[105]。

由于沿空留巷无法实现开采后巷旁充填体即时承载支撑直接顶，在开采支承应力作用下和上覆岩层活动过程中，充填区域直接顶裂隙发育，直接顶卸荷扩容变形明显，充填区域直接顶与基本顶极易出现较大离层变形，导致充填区域直接顶自身承载和传递承载能力降低。韩昌良等[58]根据叠加岩梁的原理进行了留巷顶板离层分析，得到了锚固区内外顶板离层计算式；唐建新等[106]根据沿空留巷顶板的三种形态变形，分析了顶板离层与顶板变形形态的关系，阐述了顶板离层机理，计算了顶板离层临界值；李迎富等[107]通过建立沿空留巷关键块结构力学模型，确定了关键块滑落失稳及挤压变形失稳的判别条件；郭育光、柏建彪等通过建立巷旁充填体与直接顶相互作用关系力学模型，给出了沿空留巷初期控制直接顶与基本顶离层所需的支护阻力和增阻速度计算式；李化敏[27]指出巷旁充填体前期的支护阻力主要用于抑制直接顶与基本顶的离层变形，平衡直接顶悬臂岩梁的重量。

从已有研究来看，目前针对沿空留巷顶板建立的力学模型主要有叠加层板分析法[11]、分离岩块法[108]、倾斜岩层法[109]等，这些模型基本没有考虑到充填区域直接顶的反复受载情况。

1.2.2.2 沿空留巷充填区域直接顶变形机制数值计算研究

数值计算以其计算效率高、适于大型岩土工程计算等特点，广泛应用于采矿工程等地下空间工程中，以有限差分数值计算软件 FLAC/FLAC³ᴰ、离散元数值计算软件 UDEC/3DEC 等岩土工程数值计算软件为主，能够较好地模拟工作面回采、巷道开挖等大变形方案。

郑钢镖[110]采用 FLAC³ᴰ研究了特厚煤层大断面煤巷巷内顶板离层的影响因素及影响规律；张百胜等[111]采用 ANSYS 计算软件研究了层状顶板在巷道开挖后的离层变形特征，并确定了顶板离层的准确位置；吴德义等[112]根据正交试验的原理采用 ANSYS 软件研究了巷道复合顶板层间离层规律，提出以巷道中部复合顶板结构面法向拉应力引起的局部分离范围作为离层稳定性判据；杨凤旺等[113]提出将位移反分析正演法、神经网络和 FLAC 软件模拟结合起来确定离层临界值,即首先测定巷道围岩位移量,其次利用神经网络和反分析正演法得到围岩弹性模量和凝聚力,最后通过 FLAC 软件得到离层临界值;严红[114]采用 UDEC 软件研究了特厚煤层巷道离层的影响因素及影响规律,指出影响离层变形的六个关键因素为锚杆长度、锚杆间距、煤层节理度、煤层强度、埋深、顶板水或断层、褶皱等。以上针对普通回采巷道的离层研究为沿空留巷顶板的离层数值计算研究奠定了良好的基础。

王金安等[115]采用有限元分析方法模拟了沿空留巷顶板垮落过程中围岩受力的动态过程,指出覆岩活动基本稳定后,沿空留巷顶板离层岩体开始闭合,巷内支架受力再度向以松动压力为主的状态转化;韩昌良等[58]采用 UDEC 离散元数值计算软件跟踪分析了沿空留巷顶板离层形成过程,指出沿空留巷顶板离层源于覆岩的分层垮落。以往的沿空留巷顶板变形主要着眼于巷内围岩变形和离层,尚未指出沿空留巷充填区域直接顶在巷旁充填体未构筑前浅部岩层的剪胀扩容变形。

1.2.3 沿空留巷充填区域直接顶传递载荷、承载作用研究

沿空留巷充填区域直接顶反复受载致使顶板强度降低,直接顶自身承载能力减弱;同时,当充填区域直接顶与基本顶发生离层时,直接顶无法传递下方巷旁充填体的支护阻力,也无法向下传递基本顶的载荷和变形作用。

康立军[116]、苏海[117]指出综放工作面支架上方顶煤受工作面超前支承应力和液压支架支撑作用时,顶煤处于塑性承载状态,其内部存在一条剪切破坏滑移带;韩昌良、苏海等[28,117]通过建立巷旁支撑系统力学模型,分析了沿空留巷巷旁支撑系统各部分刚度对整个巷旁支撑系统刚度的影响规律,指出对于刚度值较低的软弱复合顶板(顶煤),如能利用其自身性质并通过锚固等技术手段提高其刚度,则可以显著提高巷旁支撑系统的刚度;张自政等[105]考虑沿空留巷围岩应力环境和结构特点,阐述了沿空留巷不均衡承载特征,将沿空留巷基本顶简化为巷旁支护体及实煤体帮共同承载的力学模型,定义实煤体帮承载与巷旁支护体承载比值为沿空留巷不均衡承载系数,得到了不均衡承载系数的计算公式,并分析了不均衡承载系数的影响因素及其变化规律;康立军[116]分别建立了整体贯通型主控破裂带力学模型和部分贯通型主控破裂带力学模型,给出了控顶区顶煤的承载能力计算式。

1.2.4 沿空留巷充填区域直接顶稳定控制技术

众多学者针对不同地质条件下沿空留巷围岩控制技术做了大量研究工作,提出了各种巷内、巷旁围岩控制技术[25,36-37,47-48,118],基本认为充填区域顶板应提

前采取一定的技术措施进行加固,以减少端头或端尾支架的反复支撑,巷旁充填体快速增阻并及时承载以降低顶板的强度衰减,减小直接顶剪胀扩容变形,抑制直接顶与基本顶离层。

针对锚杆支护在沿空留巷顶板维护中开展了较多研究,众多学者也取得了一系列成果[48,54,119-122]。阚甲广等[26]采用平面应变物理模拟试验得到了充填区域顶板加固与否对留巷围岩应力分布的影响规律;张凯等[121]将沿空留巷巷道沿走向分为超前撕帮控顶区、端头支架控顶区、预充填控顶区、充填墙体控顶区等主要控顶区,提出了对留巷各区进行针对性补强加固的措施;周保精[124]指出控制留巷巷道顶板围岩离层变形需要采取巷内辅助加强支护与锚网索联合支护技术,才能更有效地控制留巷巷道顶板围岩的离层变形;华心祝等[43]建立了考虑巷帮煤体承载作用和巷旁锚索加强作用的沿空留巷力学模型,得到了巷内锚杆支护和巷旁锚索加强支护的作用机理;王继承等[39]采用 ANSYS 软件对综放沿空留巷顶板锚杆剪切变形特征进行了数值模拟,得到了锚杆的剪切力随基本顶回转角度和锚杆布置倾角的变化规律;缪协兴等[40]从理论和数值模拟两个方面分析得到了综放沿空巷道顶部锚杆的剪切变形机理;权景伟等[41]也进行了沿空留巷锚杆支护技术研究与应用。赵星光等[123]探讨了隧道开挖边界附近的岩体剪胀对全长黏结式锚杆轴力分布的影响,并分析了锚杆对隧道岩体膨胀的抑制作用。

综上所述,国内外对锚杆支护、锚索支护在沿空留巷中的巷内支护应用研究较多,为充填区域顶板锚网索支护围岩控制提供了参考。但从目前研究来看,主要强调锚杆或者锚索对顶板的加固作用,锚杆支护对沿空留巷充填区域直接顶的剪胀变形作用机理、不同阶段内直接顶与基本顶离层控制原理仍处于探索阶段。

1.3 存在的问题

沿空留巷具有众多优点,是实现无煤柱连续开采的途径之一,是煤炭资源绿色、安全、高效的开采技术之一。然而,受工作面超前支承应力作用和工作面液压支架的反复支撑作用,充填区域直接顶可能出现离层、破坏等失稳现象,无法有效传递巷旁充填体支护阻力,基本顶回转下沉量大,从而造成沿空留巷直接顶和巷旁充填体严重破坏,无法沿空留巷。因此,充填区域直接顶的稳定对沿空留巷成功实施有重要影响。以往沿空留巷围岩稳定性研究存在的问题有:

(1)理论模型基本没有考虑充填区域直接顶的反复受载情况。充填区域直接顶在工作面前方受超前支承应力的作用,在工作面处受液压支架反复支撑作用,巷旁充填体构筑后受充填体向上的支撑力作用,充填区域直接顶经历了反复受载作用。在已有的分析沿空留巷直接顶稳定性力学模型中，尚未考虑充填区域直接顶的反复受载情况。

（2）充填区域直接顶在经历多次加卸载作用情况下，强度衰减规律和剪胀变形规律尚未明确。充填区域直接顶在工作面前方受超前支承应力作用，实际上是轴向应力增加、围压降低的过程，即直接顶岩体受卸荷作用，直接顶发生剪胀变形与强度衰减，如何评估其力学性能的损伤并应用到工程实践中尚未有明确研究与试验支撑。

（3）沿空留巷充填区域直接顶剪胀变形与锚杆相互作用机理研究仍处于探索阶段。在沿空留巷生命周期内，受上覆岩层作用，充填区域直接顶发生倾斜变形与剪胀变形。充填区域直接顶虽主要采用锚杆支护，但发生剪胀变形的充填区域直接顶与锚杆相互作用机理，尤其是锚杆控制该区域直接顶的剪胀扩容变形机理的研究较少。

1.4　主要研究内容

在前人沿空留巷围岩稳定性的研究基础上，结合作者所在课题组进行的山西阳煤集团新元煤矿3107工作面辅助进风巷高水材料沿空留巷工程实践，本书综合采用现场实测、实验室试验、理论分析、数值模拟、工业性试验等方法，系统研究沿空留巷充填区域直接顶受力状态、变形、载荷传递承载机制及稳定控制技术，主要研究内容如下：

（1）沿空留巷充填区域直接顶强度衰减规律和剪胀变形规律

受本工作面超前支承应力作用，沿空留巷充填区域直接顶将产生卸荷损伤，为了确定反复受载直接顶强度衰减规律和剪胀变形规律，现场钻取巷道直接顶岩样进行室内三轴卸荷试验，采用多级轴压多次屈服卸围压的试验方法测定初始岩样的力学参数，测定了不同阶段初始损伤岩样的卸荷力学参数（强度衰减规律和剪胀变形规律），进而建立考虑岩石峰后剪胀效应的沿空留巷充填区域反复受载直接顶卸荷力学应变软化模型，并应用于FLAC³ᴰ数值计算，以沿空留巷工作面回采巷道围岩变形规律及钻孔应力作为已知特征值，反演适于直接顶岩体的力学特性参数。

（2）沿空留巷充填区域直接顶应力分布规律

采用理论计算的方法，考虑端头基本顶破断、旋转下沉以及支架反复支撑作用，建立充填体构筑前、后的充填区域直接顶稳定力学模型，分析不同阶段沿空留巷充填区域直接顶垂直应力和水平应力分布特征，揭示沿空留巷充填区域直接顶变形的力学机制。

（3）沿空留巷充填区域直接顶变形、传递、承载作用机制

采用数值计算方法，研究巷旁充填体宽度、直接顶岩性、直接顶厚度与煤层厚度比值等因素对沿空留巷充填区域直接顶变形特征影响规律；采用理论计算的方法，研究沿空留巷充填区域直接顶向下传递基本顶等覆岩载荷、变形作用，向上传递巷旁充填体支撑作用，分析直接顶传递载荷的影响因素及影响规律；建立沿空留巷充填区域直接顶承载力学模型，分析直接顶承载的影响因素及影响规律，揭示沿空留巷充填区域直接顶传递、承载作用机制，为确定充填区域直接顶稳定控制技术提供依据。

（4）沿空留巷充填区域直接顶稳定控制技术

采用理论分析和数值计算，研究锚杆支护对充填区域直接顶岩体剪胀变形的控制作用，分析直接顶剪切滑移带抗剪强度影响因素及影响规律；研究充填区域直接顶和基本顶离层变形的控制原理，分析不同阶段充填区域直接顶与基本顶离层变形的影响因素及影响规律，开发相应的沿空留巷充填区域直接顶稳定控制技术。

（5）工业性试验

选择山西阳煤集团新元煤矿 3107 工作面辅助进风巷作为工业性试验地点，根据本书研究的沿空留巷直接顶稳定控制技术，确定合理的沿空留巷围岩控制参数。通过监测留巷阶段试验巷道的表面位移、锚杆受力、顶板离层及充填体受力情况，检验本书研究成果的可靠性。

2 沿空留巷充填区域直接顶强度衰减和剪胀变形规律

研究表明:巷道浅部围岩经历多次加卸荷作用后,围岩不仅发生加荷时的体积变形和卸荷时的剪胀变形,而且围岩黏聚力和内摩擦角均变小,强度衰减明显。以往的沿空留巷研究较少聚焦于充填区域反复受载直接顶的强度衰减和剪胀变形规律,无论是数值计算还是理论计算均是将该区域煤岩体简化为理想的弹塑性本构模型,忽略了该区域煤岩体随着采动应力的演化发生损伤,峰后岩石强度发生衰减,尤其是岩体受卸荷作用时会发生沿卸荷方向的剪胀变形。

为了获得充填区域直接顶的峰后强度衰减和剪胀变形规律,本章基于对沿空留巷充填区域直接顶岩体力学介质的评估,采用室内试验的方法研究沿空留巷充填区域直接顶岩石的峰后强度衰减和剪胀变形规律。首先,依据沿空留巷直接顶采动应力分布规律,设计直接顶岩样三轴卸荷试验的应力路径,将岩样加载至峰后卸载,获取峰后损伤岩样;其次,采用多级轴压多次屈服三轴卸围压试验的方法测定峰后损伤岩样的卸荷力学参数(强度衰减和剪胀变形规律);然后,选取岩样塑性剪切应变作为岩样的塑性参数,通过数学拟合得到峰后损伤岩样主要卸荷力学参数与塑性参数的函数关系;再次,依据拟合得到的卸荷力学参数与塑性参数的函数关系,建立考虑岩石峰后剪胀效应的沿空留巷充填区域反复受载直接顶卸荷力学应变软化模型,并应用于 $FLAC^{3D}$ 数值计算;最后,以沿空留巷工作面回采巷道围岩变形规律及钻孔应力作为已知特征值,验证评估模型的合理性。

2.1 沿空留巷充填区域直接顶力学介质评估

谢和平等[84]根据不同开采条件下走向支承应力分布规律指出,在采动影响下,工作面前方煤岩体经历了从原岩应力、轴向应力升高而围压减小(卸荷)到卸荷破坏的完整过程,这是煤岩体真正承受的采动力学应力环境和条件。因此,沿空留巷充填区域直接顶先是处于原岩应力状态,待进入采动影响区后,除了受自重应力场作用外,还要受工作面开采形成的采动支承应力场的作用。为了评估充填区域直接顶岩体的力学介质,不考虑构造应力场的影响[116],仅分析采动岩体在自重应力场下的弹塑性状态。

由于工作面开采形成的采动支承应力场的作用,充填区域直接顶岩体应力集中,在某一埋深的岩体会达到弹塑性临界点,假设直接顶岩体由弹性进入塑性时的临界埋深为 H_{ep},则各向同性的直接顶岩体在临界埋深 H_{ep} 处的应力状态为:

$$\begin{cases} \sigma_1 = k_m \gamma H_{ep} \\ \sigma_2 = \sigma_3 = \dfrac{\mu_i}{1-\mu_i}\sigma_1 = \dfrac{\mu_i}{1-\mu_i}k_m \gamma H_{ep} \end{cases} \tag{2-1}$$

式中:σ_1 为垂直应力,MPa;σ_2、σ_3 为水平应力,MPa;k_m 为采动应力集中系数,考虑不同开采方法取 $2\sim3$[125];γ 为直接顶上覆岩层平均载荷,一般取 25 kN/m³;μ_i 为直接顶岩体的泊松比。

下面采用胡克-布朗岩体屈服准则,评估充填区域直接顶的弹塑性状态。在临界埋深 H_{ep} 处,根据胡克-布朗岩体屈服准则,极限平衡条件如下:

$$\sigma_1 - \sigma_3 - \sigma_{ucs}\left(m_i \frac{\sigma_3}{\sigma_{ucs}} + s\right)^{1/2} = 0 \tag{2-2}$$

式中:m_i、s 为直接顶岩体材料常数,可由表 2-1 确定;σ_{ucs} 为直接顶岩块的单轴抗压强度,MPa。

表 2-1 胡克-布朗建议的 m_i、s 取值[126-127]

RMR 值	白云岩、大理岩、石灰岩		泥岩、粉砂岩、页岩、板岩		砂岩、石英岩		安山岩、流纹岩、粗玄岩		辉长岩、片麻岩、花岗岩	
	m_i	s	m_i	s	m_i	s	m_i	s	m_i	s
100	7	1	10	1	15	1	17	1	25	1
85	3.5	0.1	5	0.1	7.5	0.1	8.5	0.1	12.5	0.1
65	0.7	0.004	1	0.004	1.5	0.004	1.7	0.004	2.5	0.004
44	0.14	10^{-4}	0.2	10^{-4}	0.3	10^{-4}	0.34	10^{-4}	0.5	10^{-4}
23	0.04	10^{-6}	0.05	10^{-6}	0.008	10^{-6}	0.09	10^{-6}	0.13	10^{-6}
3	0.007	0	0.001	0	0.015	0	0.17	0	0.015	0

结合式(2-1)和式(2-2),可以得到临界埋深 H_{ep} 的计算式为:

$$H_{ep} = \frac{\sigma_{ucs}}{2k_m\gamma\left(\dfrac{1-2\mu_i}{1-\mu_i}\right)^2}\left[\frac{\mu_i}{1-\mu_i}m_i + \sqrt{\left(m_i\frac{\mu_i}{1-\mu_i}\right)^2 + 4s\left(\frac{1-2\mu_i}{1-\mu_i}\right)^2}\right]$$

$$(2\text{-}3)$$

根据普氏系数法,直接顶岩体可以分为软岩($f\leqslant2$)、中硬岩($2<f<5$)、硬岩($f\geqslant5$)。软岩典型岩性包括硬煤、泥岩;中硬岩包括页岩、不坚固的砂岩及石灰岩;硬岩包括一般的砂岩、石灰岩、大理岩、花岗岩等[128]。根据不同类型岩体的材料常数参数,取 m_i、s 的值如表 2-2 所列。

表 2-2   不同坚硬程度岩体的材料常数典型取值

岩体类型	σ_{ucs}/MPa	m_i	s	μ_i
软岩	$\sigma_{ucs}\leqslant20$	0.5	5×10^{-4}	0.30
中硬岩	$20<\sigma_{ucs}<50$	1.0	4×10^{-3}	0.23
硬岩	$\sigma_{ucs}\geqslant50$	1.5	8×10^{-3}	0.20

取采动应力集中系数 $k_m=2.5$,根据式(2-3)和表 2-2 可以得到临界埋深 H_{ep} 和直接顶岩块单轴抗压强度 σ_{ucs} 的关系,如图 2-1 所示。

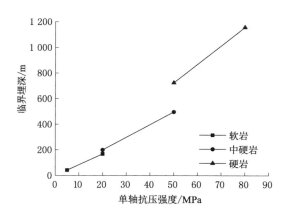

图 2-1   临界埋深与直接顶岩块单轴抗压强度的关系

由图 2-1 可以看出,当临界埋深超过 180 m 后,在采动应力场作用下,工作面煤壁前方到超前支承应力峰值区间的软岩直接顶已经进入塑性状态;当临界埋深达到 500 m 后,在采动应力场作用下,工作面煤壁前方到超前支承应力峰值区间的中硬岩直接顶已经进入塑性状态;当埋深达到 750 m 后,在采动应力场作用下,工作面煤壁前方到超前支承应力峰值区间的部分硬岩直接顶进入塑性状态。

煤矿中直接顶常见岩性主要有泥岩、砂质泥岩、石灰岩、砂岩、页岩等。本书以山西阳煤集团新元煤矿 3107 工作面沿空留巷工程实践为研究基础,工作面平均临界埋深为 500 m,直接顶为砂质泥岩,属于软岩到中硬岩的范畴。因此,可以对本书研究对象 3107 工作面充填区域直接顶做如下约定:

(1)直接顶在煤壁前方到超前支承应力峰值区间为塑性介质;

(2)沿空留巷充填区域上方直接顶的应力状态处于全应力-应变曲线的峰后区;

(3)本书研究重点集中于软岩及中硬岩直接顶的变形机制及稳定控制技术。

2.2　沿空留巷充填区域直接顶室内卸荷试验方案

谢和平等[125]根据无煤柱开采、放顶煤开采与保护层开采 3 种典型开采布置条件下矿山压力特征,确定三轴试验中煤岩体的峰值应力大小、轴向-横向应力比例等参数,通过升高轴向应力的同时降低围压的室内卸荷试验来模拟垂直应力和水平应力的变化,进一步针对性地实现 3 种典型开采条件下工作面前方煤岩体的采动力学行为研究。已有研究表明:沿空留巷充填区域直接顶在工作面前方真实的支承应力分布特征如图 2-2 所示,即直接顶在煤壁前方处于峰后状态的岩体轴向应力和围压均处于减小的状态。

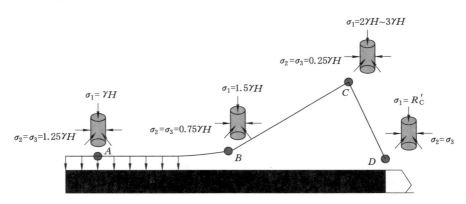

图 2-2　沿空留巷充填区域直接顶支承应力分布特征

李宏哲等[129]参考国际岩石力学学会室内和现场试验委员会颁布的多级破坏试验方法(《测定岩石三轴压缩强度建议方法》),并结合卸荷应力路径开展了多级破坏三轴卸荷试验,并验证了该方法的可行性,较好地克服了卸荷强度数据离散性突出的问题。因此,本书参考该试验方法,结合沿空留巷充填区域直接顶真实的应力路径,设计相应的试验应力路径以获得真实应力路径下的岩样力学损伤规律。室内试验主要包括充填区域直接顶岩样常规力学参数测试、充填区域直接顶峰后损伤岩样获取和充填区域直接顶峰后损伤岩样多级轴压多次屈服卸围压试验。

(1)充填区域直接顶岩样常规力学参数测试

对充填区域直接顶岩样进行单轴压缩试验和常规三轴压缩试验,以测定岩样的常规力学参数,为后续峰后损伤岩样获取试验以及峰后损伤岩样多级屈服卸围压试验各控制点参数提供参考。

(2)充填区域直接顶峰后损伤岩样获取

充填区域直接顶峰后损伤岩样获取的应力路径如图 2-3 所示。

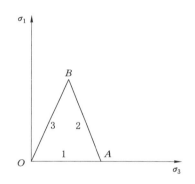

图 2-3　峰后损伤岩样获取的应力路径

具体试验步骤如下:

① OA 段:采用应力控制模式,围压逐步施加(速率为 0.1 MPa/s)至 A 点,设计 A 点值为 $\sigma_3 = 15$ MPa,相当于 500 m 埋深条件下围压状态。

② AB 段:保持围压恒定,采用位移加载模式(速率为 0.002 mm/s),将轴向应力 σ_1 加载至 B 点。B 点为岩石破坏后的某一应力状态,通过人工控制,具体取轴向应力 σ_1 为岩样峰值强度后某一点,取卸载点为岩样峰值强度的 95%。

③ BO 段:达到 B 点后,避免岩样继续损伤,试验机立即停止加载,并逐步轮换卸除轴向应力 σ_1、围压 σ_3 至 O 点,即完全卸载。

(3)充填区域直接顶峰后损伤岩样多级轴压多次屈服卸围压试验

充填区域直接顶峰后损伤岩样多级轴压多次屈服卸围压试验应力路径如图 2-4 所示。图中 E、F 两处轴压水平分别为岩样峰值强度的 85% 和 70%。

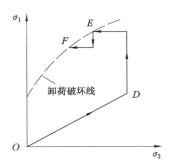

图 2-4　峰后损伤岩样多级轴压多次屈服卸围压试验应力路径

具体试验步骤为：

① 采用应力控制模式（速率为 0.1 MPa/s），逐步加载至围压 $\sigma_3 = 15$ MPa。

② 保持围压不变，采用应力控制模式（速率为 0.05 MPa/s），人工控制增加 σ_1 至第一级轴压水平，即峰值强度的 85%，然后立即切换到轴向位移保持模式。

③ 采用载荷控制模式（速率为 0.05 MPa/s），缓慢降低围压 σ_3 至第一级破坏状态出现。此时，停止降低围压 σ_3 并保持不变，加载方式切换到位移保持模式（本次试验位移保持 120 s）使岩样稳定。判断第一级破坏状态的标准是当岩样轴向载荷缓慢增加后迅速降低或环向位移迅速增加。

④ 采用应力控制模式（速率为 0.05 MPa/s），降低轴压 σ_1 至第二级轴压水平，即峰值强度的 70%。

⑤ 恒定 σ_1，采用载荷控制模式（速率为 0.01 MPa/s），缓慢降低围压 σ_3 至第二级破坏状态出现，即岩样完全破坏。

2.3　充填区域直接顶峰后损伤岩样卸荷力学参数测试的室内卸荷试验

2.3.1　充填区域直接顶岩样和试验设备

2.3.1.1　充填区域直接顶岩样基本情况

充填区域直接顶岩样取自山西阳煤集团新元煤矿 3107 工作面辅助进风巷直接顶的砂质泥岩（未受工作面采动影响），采用 ϕ115 mm 液压钻机配 ϕ94 mm 空心钻杆取芯，每节钻杆长 1.0 m，采集到的岩芯采用保鲜膜包装，在中国矿业大学岩样加工中心采用取芯钻机和磨床制成直径为 50 mm、高度为 100 mm 的标准岩样。在实验室采用电子秤和电子游标卡尺测定岩样的质量以及高度、直径等参数,编号后的岩样如图 2-5 所示,测试结果如表 2-3 所列。因此,可以计算得到岩样的密度为 2 596.5 kg/m³。

图 2-5 直接顶岩样

表 2-3 直接顶岩样介绍

编号	岩性	直径/mm	高度/mm	质量/g
1#	砂质泥岩	47.95	100.26	476.1
2#	砂质泥岩	48.64	102.41	493.7
3#	砂质泥岩	49.00	98.28	480.3
4#	砂质泥岩	48.09	99.24	470.4
5#	砂质泥岩	48.80	100.81	489.9
6#	砂质泥岩	49.09	99.70	486.2
7#	砂质泥岩	49.01	95.78	469.1
8#	砂质泥岩	49.15	101.26	492.3
9#	砂质泥岩	48.10	100.59	473.5
10#	砂质泥岩	48.75	101.52	499.2
11#	砂质泥岩	48.87	101.65	489.9
12#	砂质泥岩	49.02	101.28	498.5
13#	砂质泥岩	49.07	100.03	490.7
14#	砂质泥岩	48.89	98.24	481.5
15#	砂质泥岩	49.26	100.85	493.3
16#	砂质泥岩	49.23	101.99	500.0
17#	砂质泥岩	48.90	99.80	491.5
18#	砂质泥岩	48.98	94.78	461.3

2.3.1.2 充填区域直接顶岩样试验设备介绍

室内试验采用 MTS815.02 电液伺服岩石力学试验系统,该系统由计算机控制系统、液压控制系统和加载系统组成,如图 2-6 所示。该系统基本功能主要有单轴压缩试验、三轴压缩试验、孔隙水压试验和水、气体渗透性试验,主要技术规格见表 2-4。

图 2-6 MTS815.02 电液伺服岩石力学试验系统

表 2-4 MTS815.02 电液伺服岩石力学试验系统技术规格

技术指标	规格	技术指标	规格
轴压	≤1 700 kN	液压源流量	31.8 L/min
围压	≤45 MPa	伺服阀灵敏度	290 Hz
孔隙水压	≤45 MPa	数据采集通道	14
渗透水压	≤2 MPa	数据采集频率	5 kHz
机架刚度	$10.5×10^9$ N/m	流量测量范围	0~5 L/min
液压源功率	18 kW	试件	最大直径 100 mm,最大高度 200 mm

2.3.2 充填区域直接顶岩样常规力学参数测试

2.3.2.1 单轴压缩试验

单轴压缩试验采用 2 块岩样(10# 和 11#)进行,采用位移控制模式轴向加载,加载速率为 0.002 mm/s,全程对轴向应力、轴向位移/应变、环向位移/应变、体积应变等参数进行采集,采集频率为 0.5 s。对采集到的数据进行整理后得到岩样单轴压缩试验应力-应变曲线如图 2-7 所示,岩样单轴压缩试验强度及力学参数测试结果如表 2-5 所列,岩样单轴压缩试验破坏模式如图 2-8 所示。

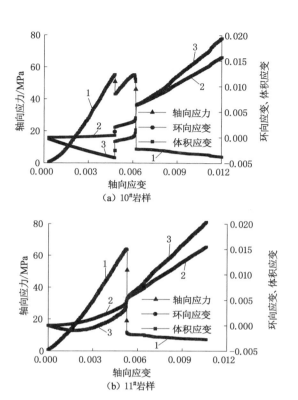

（a）10#岩样

（b）11#岩样

图 2-7　岩样单轴压缩试验应力-应变曲线

表 2-5　岩样单轴压缩试验强度及力学参数测试结果

强度及力学参数		试验岩样		平均值
		10#	11#	
峰值强度/MPa		55.39	63.98	59.685
残余强度/MPa		5.78	7.58	6.68
割线模量/MPa		9 330.81	10 500.98	9 915.895
峰值点应变	轴向应变	0.006 119	0.005 231	0.005 675
	环向应变	0.003 221	0.004 577	0.003 899
	体积应变	0.000 323	0.003 922	0.002 123

表 2-5(续)

强度及力学参数		试验岩样		平均值
		10#	11#	
残余阶段应变	轴向应变	0.010 027	0.010 013	0.010 020
	环向应变	0.012 165	0.014 292	0.013 229
	体积应变	0.014 304	0.018 572	0.016 438

注:割线模量为应力-应变曲线上相应于 50%峰值强度的点与坐标原点连线的斜率。环向应变压缩为"－",膨胀为"＋";体积应变体积压缩为"－",体积增大为"＋"。

(a) 10#岩样　　(b) 11#岩样

图 2-8　岩样单轴压缩试验破坏模式

由图 2-7、图 2-8 和表 2-5 可知,直接顶岩样单轴压缩试验结果如下:

(1) 10# 岩样和 11# 岩样峰值强度相差不大,平均为 59.685 MPa,残余强度平均为 6.68 MPa,割线模量平均为 9 915.895 MPa;岩样在峰值点对应的轴向应变相差不大,平均为 0.005 675,环向应变平均为 0.003 899,体积应变平均为 0.002 123;岩样在峰值点对应的体积应变均为"＋",即岩样处于体积扩容状态。

(2) 10# 岩样和 11# 岩样轴向应力-应变曲线有所不同。10# 岩样在达到峰值强度前出现了明显的应力跌落,对应着出现了一次宏观破裂面;10# 岩样和11# 岩样均表现出明显的弹脆塑性变形。

(3) 10# 岩样剪切面破裂角(71°)明显大于 11# 岩样剪切面破裂角(39°),这是因为 10# 岩样破坏主要以纵向劈裂为主,而 11# 岩样出现了局部的剪切破坏。

2.3.2.2　常规三轴压缩试验

常规三轴压缩试验采用 3 块岩样(2#、3#、14#)进行,对应围压分别为 5 MPa、10 MPa、15 MPa,采用位移控制模式轴向加载,加载速率为 0.002 mm/s,全程对轴向应力、轴向位移/应变、环向位移/应变、体积应变等参数进行采集,采集频率为

0.5 s。对采集的数据进行整理后得到岩样常规三轴压缩试验应力-应变曲线如图 2-9 所示,岩样常规三轴压缩试验强度及力学参数测试结果如表 2-6 所列,岩样常规三轴压缩试验破坏模式如图 2-10 所示。

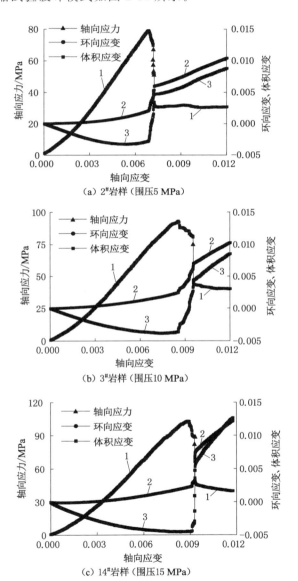

图 2-9 岩样常规三轴压缩试验应力-应变曲线

表 2-6　岩样常规三轴压缩试验强度及力学参数测试结果

强度及力学参数		试验岩样		
		2#	3#	14#
试验围压/MPa		5	10	15
峰值强度/MPa		79.14	92.99	102.84
残余强度/MPa		30.66	40.27	43.11
割线模量/MPa		10 035.49	10 043.76	10 495.00
峰值点应变	轴向应变	0.006 894	0.008 562	0.008 839
	环向应变	0.002 070	0.002 458	0.002 177
	体积应变	−0.002 753	−0.003 631	−0.004 485
残余阶段应变	轴向应变	0.010 009	0.012 024	0.010 005
	环向应变	0.008 458	0.010 256	0.009 012
	体积应变	0.006 908	0.008 488	0.008 019

（a）2#岩样　　　　　　（b）3#岩样　　　　　　（c）14#岩样

图 2-10　岩样常规三轴压缩试验破坏模式

由图 2-9、图 2-10 和表 2-6 可知,直接顶砂质泥岩岩样常规三轴压缩试验结果如下:

(1) 三轴压缩条件下,直接顶岩样峰值强度下的轴向应变明显大于单轴压缩条件下的轴向应变,且随着围压的增加,峰值强度对应的轴向应变也增大,而体积应变和环向应变无明显规律。

(2) 随着围压的增大,直接顶岩样峰值强度和残余强度均增加,通过回归分析,直接顶岩样的峰值强度、残余强度与围压有良好的线性关系(图 2-11),回归方程分别如下:

峰值强度 σ_1:

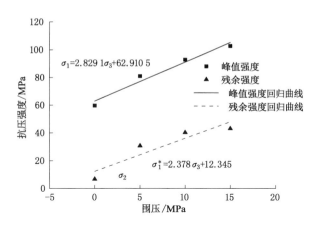

图 2-11　岩样抗压强度与围压关系

$$\sigma_1 = 2.829\ 1\sigma_3 + 62.910\ 5 \tag{2-4}$$

残余强度 σ_1^* :

$$\sigma_1^* = 2.378\sigma_3 + 12.345 \tag{2-5}$$

回归方程表明直接顶砂质泥岩岩样符合莫尔-库仑准则，在破坏面上的主应力有以下关系：

$$\sigma_1 = \frac{1 + \sin\varphi_i}{1 - \sin\varphi_i}\sigma_3 + \frac{2C_i\cos\varphi_i}{1 - \sin\varphi_i} = \tan^2\left(\frac{\varphi_i}{2} + \frac{\pi}{4}\right)\sigma_3 + \frac{2C_i\cos\varphi_i}{1 - \sin\varphi_i} \tag{2-6}$$

式中：C_i 为直接顶岩样的黏聚力，MPa；φ_i 为直接顶岩样的内摩擦角，(°)。

因此，根据式(2-4)～式(2-6)可以计算得到直接顶砂质泥岩岩样强度参数黏聚力和内摩擦角分别为 18.7 MPa 和 28.53°；残余变形阶段直接顶砂质泥岩岩样强度参数黏聚力和内摩擦角分别为 4.05 MPa 和 23.46°。

(3) 随着围压增大，三轴压缩试验条件下直接顶砂质泥岩岩样残余阶段对应的环向应变逐渐减小，且明显小于单轴压缩试验条件下的环向应变。

(4) 随着围压增大，直接顶砂质泥岩岩样剪切破裂角逐渐减小，这是由于随着围压增大，直接顶砂质泥岩岩样呈现出明显的压剪破坏。

2.3.3　充填区域直接顶峰后损伤岩样获取

2.3.3.1　充填区域直接顶峰后损伤岩样获取试验与结果

为了获取充填区域直接顶岩样的峰后力学特性，根据图 2-3 首先获取峰后损伤岩样，即在 15 MPa 的围压下，采用人工控制首先加载岩样至峰后某一状态，然后逐步卸载轴压与围压，设计试验岩样共 3 块(1#、4#、6#)。根据前述常规三轴压缩试验的结果可知,15 MPa 围压下峰值强度在 100 MPa 附近。

由于岩样本身的离散性和峰后变形的不稳定性,实际试验操作无法完全控制岩样在设计的峰后卸载点卸载,可以通过试验记录数据进行反演分析实际峰后卸载点位置。因此,在损伤岩样获取过程中,对采集的数据进行整理后得到峰后损伤岩样获取试验全应力-应变曲线如图 2-12 所示,峰后损伤岩样获取试验测定卸荷力学参数如表 2-7 所列。

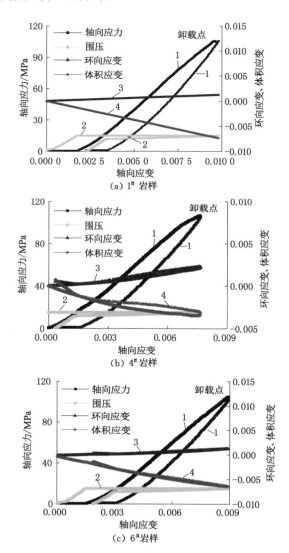

图 2-12　峰后损伤岩样获取试验全应力-应变曲线

表 2-7　峰后损伤岩样获取试验测定卸荷力学参数

强度及力学参数		试验岩样		
		1#	4#	6#
峰值强度/MPa		105.62	106.55	105.2
割线模量/GPa		8.3	12.57	8.54
泊松比		0.13	0.093	0.17
峰值点应变	轴向应变	0.009 821	0.007 618	0.008 879
	环向应变	0.001 225	0.002 082	0.001 230
	体积应变	−0.007 371	−0.003 453	−0.006 419
卸载点强度/MPa		104.61	103.63	100.84
相对完整岩样衰减程度/%		99	97.3	95.9
卸载点围压/MPa		14.97	14.96	14.97
卸载点变形模量/GPa		10.66	14.24	11.34
卸载点应变	轴向应变	0.009 763	0.007 594	0.008 875
	环向应变	0.001 218	0.002 295	0.001 230
	体积应变	−0.007 327	−0.003 004	−0.006 386

2.3.3.2　充填区域直接顶峰后损伤岩样获取试验结果分析

根据图 2-12 和表 2-7 可知,在峰后损伤岩样获取试验中,直接顶砂质泥岩强度和变形在峰值点和卸载点具有以下特征:

(1) 3 组岩样(1#、4#、6#)的峰值强度位于 105.2～106.55 MPa 之间,平均为 105.79 MPa,与根据式(2-4)计算得到 15 MPa 围压下峰值强度 105.35 MPa 相差不大,岩样泊松比平均为 0.13;岩样达到峰值强度时的轴向应变相差不大,分布在 0.007 618～0.009 821 之间,平均为 0.008 773,而常规三轴 15 MPa 围压下峰值强度对应的轴向应变为 0.008 839;岩样达到峰值强度时的环向应变分布在 0.001 225～0.002 082 之间;岩样达到峰值强度时的体积应变大致分布在 −0.003 453～−0.007 371 之间,而常规三轴 15 MPa 围压下峰值强度对应的轴向应变为 0.007 750。这说明了选取岩样离散性相对较小,获取的峰后损伤岩样可以满足试验需求。

(2) 3 组岩样(1#、4#、6#)实测卸载点轴向应力分别为 104.61 MPa、103.63 MPa、100.84 MPa,分别为各自峰值强度的 99%、97.3%、95.9%;卸载

点对应的轴向应变比峰值点对应的轴向应变略有减小,而所有岩样环向应变和体积应变均略有增加;体积应变在峰值点和卸载点均为"一"值,表明岩样均处于体积压缩状态。

2.3.4　充填区域直接顶峰后损伤岩样卸荷力学参数测试

2.3.4.1　充填区域直接顶峰后损伤岩样卸荷力学参数测试结果

获取峰后损伤岩样之后,采用多级轴压多次屈服卸围压的卸荷试验方法测定峰后损伤岩样在卸荷过程中的力学参数,测试轴压分别为各自峰值强度的85%和70%。因此,在峰后损伤岩样获取过程中,对采集的数据进行整理后得到峰后损伤岩样卸荷试验全应力-应变曲线如图 2-13 所示,峰后损伤岩样卸荷试验测定卸荷力学参数如表 2-8 所列。

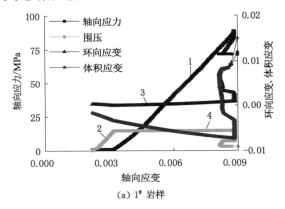

(a) 1# 岩样

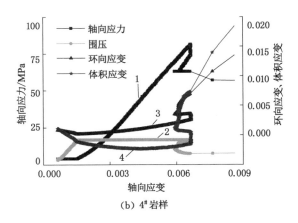

(b) 4# 岩样

图 2-13　峰后损伤岩样卸荷试验全应力-应变曲线

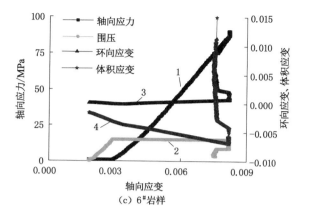

（c）6#岩样

图 2-13（续）

表 2-8 峰后损伤岩样卸荷试验测定卸荷力学参数

强度及力学参数		试验岩样		
		1#	4#	6#
峰值点强度/MPa		105.62	106.55	105.2
峰值点围压/MPa		15	15	15
峰值点应变	轴向应变	0.009 821	0.007 618	0.008 879
	环向应变	0.001 225	0.002 082	0.001 230
	体积应变	−0.007 371	−0.003 453	−0.006 419
一级轴压/MPa		87.24	85.67	87.48
一级轴压相对峰值强度比值/%		82.6	80.5	83.2
一次屈服点强度/MPa		88.50	84.25	88.36
一次屈服点围压/MPa		8.76	12.82	8.72
一次屈服点应变	轴向应变	0.008 866	0.006 842	0.008 193
	环向应变	0.001 962	0.002 817	0.002 024
	体积应变	−0.001 019	−0.001 209	−0.004 146
二级轴压/MPa		71.71	65.64	75.35
二级轴压相对峰值强度比值%		67.8	61.6	71.6
二次屈服点强度/MPa		71.61	65.63	75.33
二次屈服点围压/MPa		3.03	4.81	3.47

表 2-8(续)

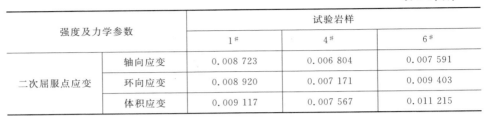

强度及力学参数		试验岩样		
		1#	4#	6#
二次屈服点应变	轴向应变	0.008 723	0.006 804	0.007 591
	环向应变	0.008 920	0.007 171	0.009 403
	体积应变	0.009 117	0.007 567	0.011 215

2.3.4.2 充填区域直接顶峰后损伤岩样卸荷力学参数测试结果分析

(1) 峰后损伤岩样多级轴压多次屈服卸围压试验全应力-应变曲线特征

由图 2-13 和表 2-8 可以知道,直接顶砂质泥岩峰后损伤岩样多级轴压多次屈服卸围压试验全应力-应变曲线有如下特征:

① 峰后损伤岩样全应力-应变曲线每级轴压均对应一个屈服点:一次屈服点一般对应于损伤岩样轴向应力缓慢增加后某一点急剧减小的时刻,此时岩样的一次屈服强度可能大于一级轴压(1#、6# 损伤岩样),也可能小于一级轴压(4# 损伤岩样),这是由于试验采用的是轴向位移保持模式;二次屈服点一般对应于损伤岩样发生脆性破坏前某一时刻,此时岩样的二次屈服强度小于二级轴压,这是由于试验采用的是轴向应力保持模式。

② 峰后损伤岩样全应力-应变曲线一次屈服点对应的轴向应变相较于峰值点略有减小,而环向应变和体积应变略有增加;峰后损伤岩样二次屈服点对应的轴向应变相较于一次屈服点增加,而且环向应变和体积应变继续增大,且增加幅度大于轴向应变,体积应变由"+"值变为"-"值,即岩样由体积压缩状态变为体积膨胀状态。

③ 峰后损伤岩样卸围压试验中各屈服点对应的轴向应变整体表现出随围压的增大而增大,而环向应变和体积应变整体表现出随围压的减小而增大,即岩样表现出沿卸荷方向的扩容变形。

(2) 峰后损伤岩样破坏模式

峰后损伤岩样卸荷试验破坏模式如图 2-14 所示。岩样以剪切破坏为主,岩样的破碎程度也比常规三轴压缩试验高;峰后损伤岩样经历了两次卸围压的过程,由于体积膨胀有明显的横向裂纹产生,尤其是沿着主破裂面,岩样顶部或者底部裂纹产生区域会发生局部剥落。

根据图 2-13 中轴向应变与环向应变的关系,可以看出在多级卸围压阶段环向应变与轴向应变基本呈线性增加关系,即可认为是峰后损伤岩样的应变比保持为一常数;而岩样产生了明显的体积膨胀,即剪胀变形。由峰后损伤岩样破坏模式可以看出,岩样的剪胀变形是沿着剪切面滑移而产生的,如图 2-15 所示。

(a) 1#岩样

(b) 4#岩样

(c) 6#岩样

图 2-14   峰后损伤岩样卸荷试验破坏模式

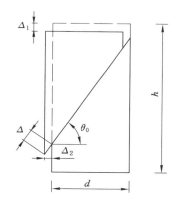

图 2-15   岩样沿剪切面滑移剪胀变形

由图 2-15 所示几何关系,有:

$$\begin{cases} \varepsilon_1 = \dfrac{\Delta_1}{h} = \dfrac{\Delta \sin \theta_0}{h} \\[2mm] \varepsilon_3 = \dfrac{\Delta_2}{d} = \dfrac{\Delta \cos \theta_0}{d} \\[2mm] \dfrac{\varepsilon_3}{\varepsilon_1} = \dfrac{h \cot \theta_0}{d} \end{cases} \tag{2-7}$$

式中:Δ 表示位移;Δ_1 和 Δ_2 分别为岩样轴向位移和环向位移;h 和 d 分别为岩样的高度和直径;θ_0 为岩样剪切破裂角。因此,可以看出,在卸围压过程中岩样发生滑移剪胀变形,岩样环向应变和轴向应变主要与岩样的剪切破裂角有关。

2.4 沿空留巷充填区域直接顶岩样卸荷力学参数变化规律

按照试验设计加载应力路径获得的损伤岩样处于峰后状态,此时岩样内部必然产生破裂面及裂隙,岩样的承载能力和力学参数也必然发生损伤,尤其是岩样经受卸荷作用,其损伤规律必然迥异。为了表征损伤岩样在多次屈服卸围压试验过程中岩石强度参数的卸荷损伤规律,定义屈服点的围压 σ_3^0 和卸荷初始围压之差($\sigma_3^0 - \sigma_3^u$)与卸荷初始围压 σ_3^0 的比值为损伤岩样的卸荷度 H,岩样的卸荷度越大,表明岩样的损伤程度也越大,岩样的强度就越低。岩样的卸荷度 H 可以用下式计算:

$$H = \frac{\Delta \sigma_3}{\sigma_3^0} = \frac{\sigma_3^0 - \sigma_3^u}{\sigma_3^0} \tag{2-8}$$

2.4.1 变形模量损伤规律

高春玉、黄润秋、刘泉声等[77,130-131]指出卸荷过程中轴向应变很小,如果仍采用常规三轴的计算方法来求解变形模量及泊松比,求解的变形模量将会很大,这与岩样卸荷损伤破坏的事实不符,应该采用广义胡克定律求解,计算公式如下:

$$\begin{cases} E = \dfrac{\sigma_1 - 2\mu\sigma_3}{\varepsilon_1} \\[3mm] \mu = \dfrac{\dfrac{\varepsilon_3}{\varepsilon_1}\sigma_1 - \sigma_3}{\sigma_3\left(\dfrac{2\varepsilon_3}{\varepsilon_1} - 1\right) - \sigma_1} = \dfrac{\varepsilon_3\sigma_1 - \varepsilon_1\sigma_3}{2\varepsilon_3\sigma_3 - \varepsilon_1\sigma_3 - \varepsilon_1\sigma_1} \end{cases} \tag{2-9}$$

式中:E 为岩样瞬时变形模量;μ 为岩样试验瞬时泊松比。

在岩样多次屈服卸围压试验过程中,处于峰后状态的损伤岩样变形模量随着围压的降低而逐渐减小,变形模量损伤明显。为了衡量岩样在多级轴压多次屈服卸围压试验过程中的损伤规律,定义变形模量损伤变量 $D_E = 1 - E/E_u$,E 为卸围压试验中的变形模量,E_u 为岩样卸载点的变形模量。根据式(2-9),变形模量损伤变量可以由下式计算:

$$D_E = 1 - \frac{E}{E_u} = 1 - \frac{(\sigma_1 - \sigma_3)(2\sigma_3 + \sigma_1)}{E_u(\varepsilon_1\sigma_3 + \varepsilon_1\sigma_1 - 2\varepsilon_3\sigma_3)} \tag{2-10}$$

结合式(2-10)可得损伤岩样变形模量及其损伤变量与围压的关系,如图 2-16 所示。

根据图 2-16 可知,损伤岩样多级轴压多次屈服卸围压试验变形模量及其损伤变量有以下规律:

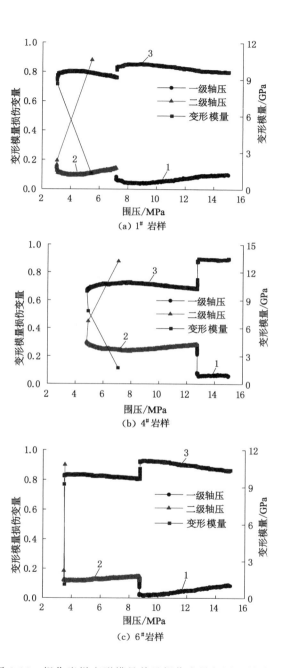

（a）1#岩样

（b）4#岩样

（c）6#岩样

图 2-16　损伤岩样变形模量其及损伤变量与围压的关系

（1）随着围压的降低，岩样的变形模量损伤程度总体呈增大的趋势；在每一级轴压试验情况下，在未达到屈服点时，岩样变形模量损伤变量随围压的降低呈缓慢减小趋势；当达到屈服点后，岩样变形模量损伤变量随围压的降低迅速增大，即岩样表现出沿卸围压方向的强烈扩容。

（2）随着围压的降低，岩样的变形模量总体呈减小的趋势；在每一级轴压卸围压过程中，在未达到屈服点时，岩样变形模量随围压的降低呈现小幅增大的趋势；当达到屈服点后，岩样变形模量损伤变量随围压的降低迅速发生跌落减小。

（3）损伤岩样发生完全破坏时岩样的变形模量损伤变量平均为 0.887，变形模量平均为 1.37 GPa。

（4）在卸围压试验过程中，无论是在一级轴压还是二级轴压情况下，损伤岩样在屈服点处的变形模量损伤变量迅速增大，增大幅度在 50% 以上；一级轴压卸围压和二级轴压卸围压试验过程中，3 组损伤岩样的变形模量及其损伤变量统计结果如表 2-9 所列。

表 2-9   损伤岩样变形模量及其损伤变量统计结果

损伤岩样编号	一级轴压				二级轴压			
	变形模量/GPa		变形模量损伤变量		变形模量/GPa		变形模量损伤变量	
	变化范围	平均	变化范围	平均	变化范围	平均	变化范围	平均
1#	9.57～10.27	9.92	0.037～0.102	0.069	8.90～10.25	9.58	0.038～0.165	0.102
4#	13.08～13.43	13.26	0.057～0.081	0.069	9.97～10.89	10.43	0.235～0.300	0.268
6#	9.98～11.16	10.57	0.016～0.120	0.068	9.24～10.06	9.65	0.116～0.185	0.151
平均	—	11.25	—	0.069	—	9.89	—	0.174

由表 2-9 可知，损伤岩样在一级轴压卸围压和二级轴压卸围压试验过程中，变形模量基本呈减小的趋势，一级轴压卸围压过程中变形模量损伤变量平均为 0.069，二级轴压卸围压过程中变形模量损伤变量平均为 0.174。

当考虑围压卸荷度对岩样变形模量的影响时，根据式（2-8）、表 2-8 和表 2-9 的计算结果可以得到岩样弹性模量与卸荷度的关系如图 2-17 所示。

由图 2-17 可知：随着岩样卸荷度的增加，岩样变形模量减小，即变形模量劣化程度增大。

通过回归分析可以得到 3 组岩样变形模量和卸荷度的线性回归方程分别为：

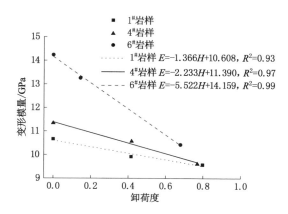

图 2-17 岩样变形模量与卸荷度的关系曲线

$$\begin{cases}1^{\#}岩样:E=-1.366H+10.608,R^2=0.93\\4^{\#}岩样:E=-2.233H+11.390,R^2=0.97\\6^{\#}岩样:E=-5.522H+14.159,R^2=0.99\end{cases} \quad (2-11)$$

当考虑 3 组岩样平均值时,式(2-11)可以改写为:

$$E=-3.04H+12.052,R^2=0.93 \quad (2-12)$$

2.4.2 卸围压阶段岩样强度参数的损伤规律

如图 2-18 所示为一级轴压卸围压阶段和二级轴压卸围压阶段岩样偏应力 $(\sigma_1-\sigma_3)$ 与围压降低量 $(\Delta\sigma_3=\sigma_3^0-\sigma_3^u)$ 的关系曲线。

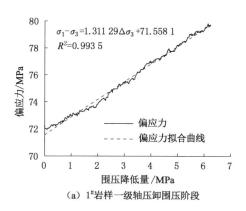

（a）$1^{\#}$岩样一级轴压卸围压阶段

图 2-18　岩样偏应力与围压降低量关系曲线

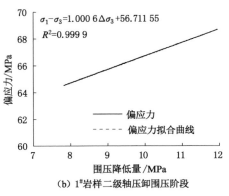

（b）1#岩样二级轴压卸围压阶段

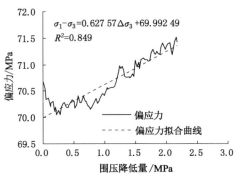

（c）4#岩样一级轴压卸围压阶段

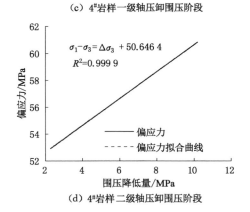

（d）4#岩样二级轴压卸围压阶段

图 2-18（续）

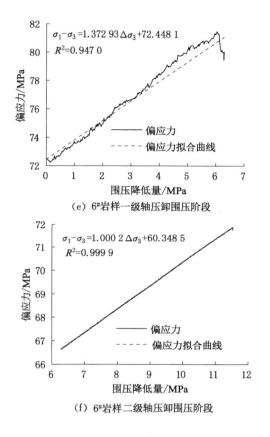

（e）6#岩样一级轴压卸围压阶段

（f）6#岩样二级轴压卸围压阶段

图 2-18（续）

根据莫尔-库仑准则及其破坏面上主应力关系式可以改写为：

$$\sigma_1 - \sigma_3 = \frac{2\sin\varphi_i}{1 - \sin\varphi_i}\sigma_3 + \frac{2C_i\cos\varphi_i}{1 - \sin\varphi_i} \tag{2-13}$$

对于卸围压试验，随着围压降低即围压降低量 $\Delta\sigma_3$ 的增大，偏应力（$\sigma_1 - \sigma_3$）逐渐增大直至岩样发生屈服；为了在卸围压阶段采用莫尔-库仑准则计算岩样的强度参数，将卸围压过程中的围压降低量 $\Delta\sigma_3$ 代替式（2-13）中的围压 σ_3，即可通过回归分析得到式（2-13）中的直线斜率和截距，进而计算得到岩样的黏聚力和内摩擦角，计算结果见表 2-10。

表 2-10 损伤岩样卸荷试验测定岩石强度参数

损伤岩样编号	试验阶段	试验岩样岩石参数				
		屈服点轴压/MPa	屈服点围压/MPa	卸荷度	C_i/(°)	φ_i/MPa
1#	损伤获取	105.62	15.00	0	—	—
	一级轴压	88.50	8.76	0.416	23.34	23.53
	二级轴压	71.61	3.03	0.798	19.49	20.05
4#	损伤获取	106.55	15.00	0	—	—
	一级轴压	84.25	12.82	0.145	13.83	27.43
	二级轴压	65.63	4.81	0.679	19.48	17.91
6#	损伤获取	105.20	15.00	0	—	—
	一级轴压	88.36	8.72	0.419	24.03	23.52
	二级轴压	75.33	3.47	0.769	19.48	21.34

由表 2-10 可知,随着卸荷度的增大,岩样的内摩擦角逐渐减小,除 4# 岩样外,岩样的黏聚力也逐渐降低,这是由于 4# 岩样在一级轴压卸围压阶段屈服点发生时,轴向应力小于试验设置的轴向应力,岩样可能并未发生真正的屈服。因此,岩样的黏聚力、内摩擦角(剔除 4# 岩样)与岩样卸荷度的关系如图 2-19 所示。

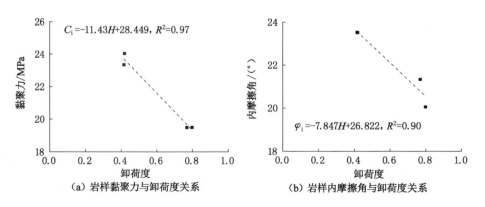

（a）岩样黏聚力与卸荷度关系　　（b）岩样内摩擦角与卸荷度关系

图 2-19 岩样的黏聚力、内摩擦角与岩样卸荷度的关系

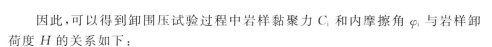
因此,可以得到卸围压试验过程中岩样黏聚力 C_i 和内摩擦角 φ_i 与岩样卸荷度 H 的关系如下:

$$\begin{cases} C_i = -11.43H + 28.449 \\ \varphi_i = -7.847H + 26.822 \end{cases} \tag{2-14}$$

当令式(2-14)中的 $H=0$,即岩样未经卸荷作用时,即可获得完整岩样的黏聚力和内摩擦角分别为 28.449 MPa 和 26.822°。

2.4.3 岩样剪胀变形的演化规律

岩石剪胀角 ψ 可以采用下式计算[132]:

$$\psi = \arcsin\left(\frac{\dot{\varepsilon}_v^p}{-2\dot{\varepsilon}_1^p + \dot{\varepsilon}_v^p}\right) = \arcsin\left(\frac{2\dot{\varepsilon}_3^p - \dot{\varepsilon}_1^p}{\dot{\varepsilon}_1^p + 2\dot{\varepsilon}_3^p}\right) \tag{2-15}$$

式中:$\dot{\varepsilon}_v^p$ 和 $\dot{\varepsilon}_1^p$ 分别为体积塑性应变增量和轴向塑性应变增量,其中 $\dot{\varepsilon}_v^p = 2\dot{\varepsilon}_3^p - \dot{\varepsilon}_1^p$,$\dot{\varepsilon}_3^p$ 为环向塑性应变增量。

为了评估卸荷作用下岩石的剪胀特性,提出岩石剪胀系数(I_d)概念,即卸荷作用下岩石的剪胀角与单轴压缩试验下岩石的剪胀角之比,剪胀系数 I_d 可以采用下式计算:

$$I_d = \frac{\psi_t}{\psi_u} = \frac{\arcsin\left(\dfrac{2\dot{\varepsilon}_3^p - \dot{\varepsilon}_1^p}{\dot{\varepsilon}_1^p + 2\dot{\varepsilon}_3^p}\right)_t}{\arcsin\left(\dfrac{2\dot{\varepsilon}_3^p - \dot{\varepsilon}_1^p}{\dot{\varepsilon}_1^p + 2\dot{\varepsilon}_3^p}\right)_u} \tag{2-16}$$

式中:ψ_t 为三轴卸荷试验条件下剪胀角;ψ_u 为单轴压缩试验条件下剪胀角。

根据现有塑性力学理论,在按照图 2-3 获取峰后损伤岩样和按照图 2-4 进行峰后损伤岩样卸荷试验时,岩样必然存在不可恢复的塑性变形,其中塑性应变 $\varepsilon_2^p = \varepsilon_3^p$。在全应力-应变曲线中,假设岩样在卸载过程中为线弹性,采用斜直线表示岩样卸载路径,直线斜率为相应围压 ε_2^p 下岩样的弹性模量,直线与横轴交点即为岩样的塑性应变 ε_1^p、ε_2^p($\varepsilon_2^p = \varepsilon_3^p$)。下面给出岩样不同阶段的塑性应变计算方法,如图 2-20 所示,其中 L_1^1 表示轴向应变在损伤岩样获取阶段的卸载曲线,L_1^2 表示轴向应变在一级轴压卸围压试验阶段的卸载曲线,L_1^3 表示轴向应变在二级轴压卸围压试验阶段的卸载曲线。因此,计算得到岩样的塑性应变及剪胀系数结果如表 2-11 所列。

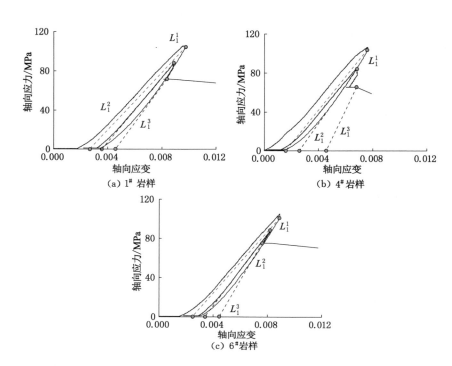

图 2-20 岩样不同阶段塑性轴向应变计算方法

表 2-11 岩样塑性应变及剪胀系数计算结果

岩样编号	阶段	卸荷度	塑性轴向应变	塑性环向应变	剪胀角/(°)	剪胀系数
10#、11#	单轴压缩	—	0.002 79	0.003 760	28.24	1.00
1#	损伤获取	0	0.002 64	0.000 199	—	—
	一级轴压	0.416	0.003 57	0.001 438	27.03	0.96
	二级轴压	0.798	0.004 55	0.008 743	60.99	2.16
4#	损伤获取	0	0.001 56	0.001 424	—	—
	一级轴压	0.145	0.002 55	0.002 164	11.45	0.41
	二级轴压	0.679	0.004 54	0.007 005	41.25	1.46
6#	损伤获取	0	0.002 46	0.000 292	—	—
	一级轴压	0.419	0.003 38	0.001 549	27.67	0.98
	二级轴压	0.769	0.004 46	0.009 259	60.38	2.14

由表 2-11 计算结果可知,岩石的剪胀角随着卸荷度的增加而增大,剪胀系数也随之增大。通过回归分析可以得到岩样(除 4# 岩样)剪胀角与卸荷度的关系如图 2-21 所示。

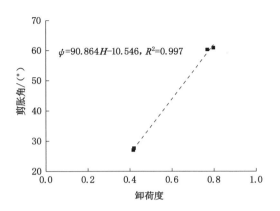

$$\phi=90.864H-10.546,\ R^2=0.997$$

图 2-21　岩样的剪胀角与岩样卸荷度的关系

因此,可以得到岩样的剪胀角与卸荷度的线性回归方程为:

$$\phi = 90.864H - 10.546 \tag{2-17}$$

2.5　基于卸荷试验的沿空留巷充填区域直接顶应变软化模型的建立

前文已经分析了直接顶砂质泥岩岩样在多次屈服卸围压试验过程中力学参数的演化损伤规律,为了将获得的试验规律应用到理论分析及数值计算中,结合目前 FLAC^{3D}5.0 数值计算软件莫尔-库仑应变软化本构模型中关于力学参数峰后软化行为定义,选取软化参数 η 表征岩样的峰后卸围压软化特点。因此,本节内容主要是建立直接顶岩样峰后卸围压过程中力学参数随着软化参数 η 演化的损伤模型,以进一步反演沿空留巷充填区域直接顶岩体在峰后卸围压中力学参数 η 随软化参数的演化规律,从而将其应用于理论分析和数值模拟中。

2.5.1　峰后软化参数的选择

以弹塑性力学为基础的应变软化模型,其破坏准则和塑性势函数不仅与应力张量有关,而且与软化参数 η 有关。对于本书基于沿空留巷充填区域直接顶受力演化规律设计的直接顶岩样的三轴峰后多级卸围压试验,在一级轴压卸围压阶段和二级轴压卸围压阶段,其塑性变形随着偏应力的增大而增加直至岩样发生屈服。岩样在此期间表现出峰后的应变软化和剪胀效应，可以认为这是由于岩石的剪胀角变化、变形模量劣化以及围压降低等多重因素对岩石峰后变形的影响。

目前，岩石峰后软化参数 η 选取尚无统一的标准，主要有两种：一种是将软化参数 η 视为内在塑性变量的函数，使用较多的有塑性剪切应变 $\gamma_p(|\varepsilon_1^p - \varepsilon_3^p|)$、最大主塑性应变 (ε_1^p) 和等效塑性应变 $\left[\sqrt{2(\varepsilon_1^p\varepsilon_1^p + \varepsilon_2^p\varepsilon_2^p + \varepsilon_3^p\varepsilon_3^p)/3}\right]$；另一种是将软化参数 η 视为塑性应变增量的函数，使用较多的是 $\sqrt{2(\dot{\varepsilon}_1^p\dot{\varepsilon}_1^p + \dot{\varepsilon}_2^p\dot{\varepsilon}_2^p + \dot{\varepsilon}_3^p\dot{\varepsilon}_3^p)/3}$。为方便计算以及将软化参数应用到 FLAC^{3D} 数值计算软件莫尔-库仑应变软化模型中，本书选择普遍常用的塑性剪切应变 $\gamma_p(|\varepsilon_1^p - \varepsilon_3^p|)$ 为软化参数 η。

采用莫尔-库仑应变软化模型时，在峰后应变软化阶段，强度参数 (C, φ)、剪胀角 ψ、变形模量 E 等力学参数随着应变软化参数 η 的变化而变化，本书通过基于沿空留巷充填区域直接顶受力演化规律设计的直接顶岩样的三轴峰后多级卸围压试验，获取岩样力学参数与应变软化参数 η 的关系，即力学参数的演化规律。为了简化问题及方便计算，通常假设力学参数与应变软化参数之间为分段线性函数关系，即峰前应变软化参数为 0，峰后卸围压两个过程力学参数与应变软化参数的关系通过试验数据回归分析得到。

2.5.2 基于塑性剪切应变的岩样峰后应变软化模型的建立

根据表 2-9～表 2-11 计算统计结果，可以计算得到 1$^{\#}$ 岩样和 6$^{\#}$ 岩样在卸围压两个试验阶段的塑性剪切应变与主要力学参数如表 2-12 所列。

表 2-12 塑性剪切应变与岩样主要力学参数

岩样编号	阶段	塑性剪切应变	卸荷度	变形模量/GPa	黏聚力/MPa	内摩擦角/(°)	剪胀角/(°)
1$^{\#}$	一级轴压	0.002 132	0.416	9.92	23.34	23.53	27.03
	二级轴压	0.004 193	0.798	9.58	19.49	20.05	60.99
6$^{\#}$	一级轴压	0.001 831	0.419	10.57	24.03	23.52	27.67
	二级轴压	0.004 799	0.769	9.61	19.48	21.34	60.38

根据表 2-12 可以得到岩样卸荷度、变形模量、黏聚力、内摩擦角、剪胀角与岩样塑性剪切应变的关系如图 2-22 所示。

由图 2-22 可知，岩样的卸荷度与岩样塑性剪切应变呈线性增加的关系，变形模量、黏聚力、内摩擦角、剪胀角与塑性剪切应变呈指数关系。通过回归分析可以得到岩样卸荷度和主要力学参数与岩样塑性剪切应变的演化关系分别如

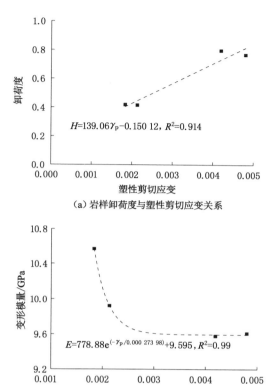

（a）岩样卸荷度与塑性剪切应变关系

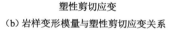

（b）岩样变形模量与塑性剪切应变关系

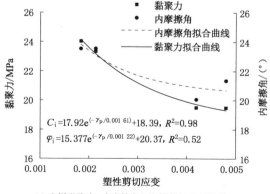

（c）岩样黏聚力、内摩擦角与塑性剪切应变关系

图 2-22　岩样的卸荷度、变形模量、黏聚力、内摩擦角、剪胀角与岩样塑性剪切应变的关系

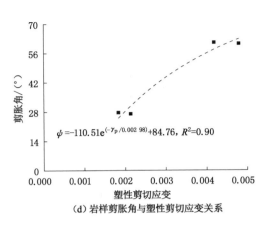

$\psi=-110.51e^{(-\gamma_p/0.002\ 98)}+84.76, R^2=0.90$

(d) 岩样剪胀角与塑性剪切应变关系

图 2-22（续）

式(2-18)和式(2-19)所示：

$$H=-139.06\gamma_p-0.150\ 12 \tag{2-18}$$

$$\begin{cases} E=778.88e^{(-\gamma_p/0.000\ 273\ 98)}+9.595 \\ C_i=17.92e^{(-\gamma_p/0.001\ 61)}+18.39 \\ \varphi_i=15.377e^{(-\gamma_p/0.001\ 22)}+20.37 \\ \psi=-110.51e^{(-\gamma_p/0.002\ 98)}+84.76 \end{cases} \tag{2-19}$$

2.5.3 基于塑性剪切应变的岩样峰后应变软化模型在 FLAC³ᴰ 中的实现

FLAC³ᴰ数值计算软件中的莫尔-库仑应变软化本构模型采用塑性参数 ε^{ps} 计算岩样或岩体的软化特性，为了实现基于塑性剪切应变的岩样峰后应变软化模型在 FLAC³ᴰ 数值计算软件中的计算，首先需要确定模型建立的软化参数塑性剪切应变 γ_p 与 FLAC³ᴰ 数值计算软件中的塑性参数 ε^{ps} 的几何关系，利用 Fish 语言实现直接调用。

在 FLAC³ᴰ 数值计算软件中塑性参数 ε^{ps} 增量 $\Delta\varepsilon^{ps}$ 的定义如下：

$$\Delta\varepsilon^{ps}=\sqrt{\frac{(\Delta\varepsilon_1^{ps}-\Delta\varepsilon_m^{ps})^2+(\Delta\varepsilon_m^{ps})^2+(\Delta\varepsilon_3^{ps}-\Delta\varepsilon_m^{ps})^2}{2}} \tag{2-20}$$

$$\Delta\varepsilon_m^{ps}=(\Delta\varepsilon_1^{ps}+\Delta\varepsilon_3^{ps})/3 \tag{2-21}$$

式中：$\Delta\varepsilon_1^{ps}$、$\Delta\varepsilon_3^{ps}$ 为塑性剪切主应变增量。

在 FLAC³ᴰ 数值计算软件中，采用非关联流动法则的剪切塑性势函数 g^s 为：

$$g^s=\sigma_1-\sigma_3 N_\psi \tag{2-22}$$

$$N_\psi = (1 + \sin\psi)/(1 - \sin\psi) \tag{2-23}$$

对于剪切破坏，其非关联流动法则为：

$$\Delta\varepsilon_i^{ps} = \lambda^s \frac{\partial g^s}{\partial \sigma_i} \tag{2-24}$$

式中：$i = 1, 2, 3$；λ^s 为塑性因子。

对式(2-22)中的 g^s 进行偏微分计算，式(2-22)可以改写为：

$$\begin{cases} \Delta\varepsilon_1^{ps} = \lambda^s \\ \Delta\varepsilon_2^{ps} = 0 \\ \Delta\varepsilon_3^{ps} = -\lambda^s N_\psi \end{cases} \tag{2-25}$$

因此，根据式(2-25)可以得到如下关系式：

$$\Delta\varepsilon_3^{ps} = -N_\psi \Delta\varepsilon_1^{ps} \tag{2-26}$$

将式(2-26)代入式(2-20)可以得到如下关系式：

$$\Delta\varepsilon^{ps} = \frac{\sqrt{3}}{3}\sqrt{1 + N_\psi + N_\psi^2}\,\Delta\varepsilon_1^{ps} = -\frac{\sqrt{3}}{3N_\psi}\sqrt{1 + N_\psi + N_\psi^2}\,\Delta\varepsilon_3^{ps} \tag{2-27}$$

因此，式(2-27)也可以改写为：

$$\Delta\varepsilon^{ps} = \frac{\sqrt{3}}{3(1 + N_\psi)}\sqrt{1 + N_\psi + N_\psi^2}(\Delta\varepsilon_1^{ps} - \Delta\varepsilon_3^{ps}) = \frac{\sqrt{3}}{3(1 + N_\psi)}\sqrt{1 + N_\psi + N_\psi^2}\,\Delta\gamma_p \tag{2-28}$$

因此，根据式(2-28)可以得到塑性参数与塑性剪切应变的关系为：

$$\varepsilon^{ps} = \frac{\sqrt{3}}{3}\int \frac{\sqrt{1 + N_\psi + N_\psi^2}}{1 + N_\psi}\,\mathrm{d}\gamma_p \tag{2-29}$$

考虑到在卸围压过程中随着围压的降低(卸荷度 H 增加、塑性剪切应变 γ_p 增大)，岩石的剪胀角 ψ 是逐渐增大的，根据式(2-19)岩石的剪胀角 ψ 与塑性剪切应变 γ_p 的回归方程以及式(2-23)，式(2-29)可以改写为：

$$\varepsilon^{ps} = \frac{\sqrt{3}}{3}\int \sqrt{\frac{3 + \sin^2[-110.51\mathrm{e}^{(-\gamma_p/0.00298)} + 84.76]}{4}}\,\mathrm{d}\gamma_p \tag{2-30}$$

因此，根据式(2-30)可以计算得到 FLAC[3D] 数值计算软件中塑性参数与塑性剪切应变的关系如图 2-23 所示。

通过回归分析，可以得到塑性剪切应变和 FLAC[3D] 数值计算软件中塑性参数的线性拟合方程为：

$$\gamma_p = 1.80632\varepsilon^{ps} + 0.0001171 \tag{2-31}$$

将式(2-31)代入式(2-19)即可得到损伤岩样多级轴压多次屈服卸围压试验过程中岩样力学参数的损伤演化规律，即基于卸荷力学试验的沿空留巷充填区域直接顶应变软化模型如式(2-32)所列。

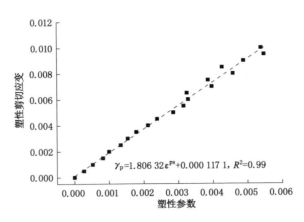

图 2-23　FLAC³ᴰ数值计算软件中塑性参数与塑性剪切应变的关系

$$
\begin{cases}
C_i = 17.92\mathrm{e}^{\frac{1.806\,32\epsilon^{\mathrm{ps}}+0.000\,117\,1}{-0.001\,61}} + 18.39 \\
\varphi_i = 15.377\mathrm{e}^{\frac{1.806\,32\epsilon^{\mathrm{ps}}+0.000\,117\,1}{-0.001\,22}} + 20.37 \\
\psi = -110.51\mathrm{e}^{\frac{1.806\,32\epsilon^{\mathrm{ps}}+0.000\,117\,1}{-0.002\,98}} + 84.76
\end{cases}
\tag{2-32}
$$

式(2-32)可应用于 FLAC³ᴰ数值计算软件中莫尔-库仑应变软化本构模型进行数值计算。

2.6　基于卸荷试验的沿空留巷充填区域直接顶应变软化模型的合理性评估

2.6.1　工程概况

本书以山西阳煤集团新元煤矿 3107 工作面辅助进风巷沿空留巷工程为研究背景。该工作面平均埋深为 500 m,倾斜长度为 240 m,走向长度为 1 592 m,煤层倾角平均为 4°,煤层平均厚度为 2.8 m,3107 辅助进风巷断面尺寸(宽×高)为 4.8 m×3.0 m,沿 3# 煤层顶板掘进,沿空留巷采用水灰比 1.5∶1 的高水充填材料在采空区构筑巷旁充填体,巷旁充填体宽度为 2.0 m,留巷宽度为 5.2 m,3107 工作面辅助进风巷采用锚网索支护。3107 工作面综合钻孔柱状分布如表 2-13 所列。

表 2-13　3107 工作面综合钻孔柱状分布

岩性	厚度/m	描述
细砂岩	3.3	灰色,含少量炭屑,脉状层理,冲刷接触
粉砂岩	2.1	深灰色,含少量云母,过渡接触,上部含植物化石
细砂岩	3.7	灰色,薄层状,含炭屑及少量云母,坚硬,水平纹理,明显接触,下部夹中粒砂岩薄层
砂质泥岩	4.5	灰黑色,薄层状,含少量云母,半坚硬,脉状层理,明显接触,含丰富植物碎屑化石,中部夹细粒砂岩薄层,岩芯较破碎
中砂岩	8.0	浅灰色,中厚层状,石英为主,含炭屑,分选差,次棱角状颗粒,脉状层理,下部含较多泥质包体,坚硬,含少量植物炭化体
细砂岩	1.9	浅灰色,中厚层状,含少量炭屑及云母,中部含泥质包体,坚硬,过渡接触,含少量植物炭化体
中砂岩	5.4	深灰色,张节理,参差状断口,夹砂岩条带
砂质泥岩	7.1	灰色,厚层状,含大量云母碎片,直立张节理
3#煤	2.8	
泥岩	1.5	深灰色,断口平坦状,过渡接触,含植物碎屑化石
砂质泥岩	2.1	深灰色,厚层状,断口参差状,松软,过渡接触,含植物化石碎屑及炭化体
粉砂岩	1.6	深灰色,明显接触,含植物化石,夹砂质泥岩条带及薄层
细砂岩	4.8	浅灰色,中厚层状,含少量云母,上部、中部含丰富泥质包体,变形层理发育,坚硬,冲刷接触

2.6.2　数值计算模型建立

根据表 2-13 所示的 3107 工作面综合钻孔柱状分布,建立图 2-24 所示的三维数值计算模型,模型包括 3107 工作面(173.9 m)、3108 工作面(75 m)、3107 工作面和 3108 工作面之间的区段煤柱和回采巷道(3107 辅助进风巷和 3108 进风巷)。同时为了考虑 3107 工作面回采对沿空留巷的影响,工作面推进方向模型长 240 m,模型整体的尺寸(宽×长×高)为 280.5 m×240 m×107.2 m,模型共有 833 000 个单元和 860 520 个节点。模型底边界固定位移,左右前后边界限制法向位移,模型侧压系数为 1.2。模拟煤岩体采用莫尔-库仑本构模型,采空区采用双屈服本构模型,巷旁充填体采用应变软化本构模型,充填区域直接顶采用考虑剪胀角变化的莫尔-库仑应变软化本构模型。模型计算中煤岩体力学参数如表 2-14 所列,由实验室室内试验和数值计算反演获得。模型计算步骤为:计算原岩应力→掘进 3107 辅助进风巷和 3108 进风巷→回采 3107 工作面→沿空留巷巷旁充填。

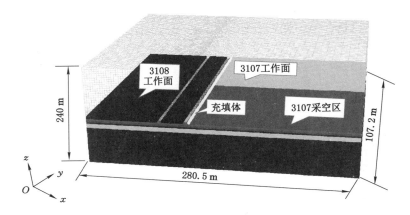

图 2-24　三维数值计算模型

表 2-14　数值计算中煤岩体力学参数

岩体	厚度/m	弹性模量/GPa	泊松比	内摩擦角/(°)	黏聚力/MPa	抗拉强度/MPa
上覆岩层	40.0	10.00	0.20	30.00	3.0	0.8
细砂岩	1.9	18.00	0.17	34.00	3.5	1.0
中砂岩	5.4	26.20	0.19	38.00	4.3	1.2
砂质泥岩	7.1	4.96	0.21	26.26	2.7	0.3
煤层	2.8	3.00	0.25	17.00	1.0	0.1
泥岩	1.5	3.63	0.21	8.00	0.4	0.1
砂质泥岩	2.1	4.96	0.21	26.26	2.7	0.3
粉砂岩	1.6	12.00	0.18	38.00	4.0	1.2
细砂岩	4.8	18.00	0.17	34.00	3.5	1.0
下伏岩层	40.0	10.00	0.20	30.00	3.0	0.8

2.6.2.1　采空区双屈服本构模型

工作面采空区冒落矸石承载能力对工作面采动支承应力分布规律影响较大,承载能力越大,采动支承应力显现越小。众多学者研究[30,133-138]认为:采空区边缘垂直应力基本为0,向采空区中部逐渐增大直至达到原岩应力水平;当到采空区距离为煤层埋深的12%~60%时,采空区应力基本恢复到原岩应力水平;煤层埋深越大,采空区应力恢复时,距离采空区边缘越近;采空区材料表现为应变硬化特征。

因此，为了更好地评估采空区应力恢复和垮落带岩层的承载特性对长壁开采的采动支承应力影响，双屈服模型常被用于 FLAC^{3D} 软件中模拟采空区材料的应变硬化特征。根据萨拉蒙（Salamon）模型，采空区材料单元体符合以下方程：

$$\begin{cases} \sigma_g = \dfrac{E_{g0}\varepsilon_g}{1 - \varepsilon_g/\varepsilon_{gmax}} \\[2mm] \varepsilon_{gmax} = \dfrac{b_g - 1}{b_g} \\[2mm] b_g = \dfrac{h_{cav} + h_m}{h_{cav}} \\[2mm] E_{g0} = \dfrac{10.39\sigma_{cg}^{1.042}}{b_g^{7.7}} \end{cases} \quad (2\text{-}33)$$

式中：b_g 是采空区碎胀系数；ε_{gmax} 是采空区材料最大应变；h_{cav} 是垮落带高度，m；h_m 是煤层开采厚度，m；σ_{cg} 是煤层顶部位置的初始垂直应力，MPa；E_{g0} 是采空区材料的初始模量，GPa。

实际上，垮落带高度一般为煤层开采厚度的 2～8 倍，根据表 2-13 和表 2-14 所列 3107 工作面地质条件，煤层开采厚度为 2.8 m，垮落带高度为 14.4 m，代入式（2-33）计算可得采空区材料碎胀系数为 1.194，最大应变为 0.163，煤层顶部位置的初始垂直应力为 12.5 MPa，采空区材料的初始模量为 36.76 GPa，采空区材料应力-应变关系如表 2-15 所列。

表 2-15　双屈服模型中的采空区材料应力-应变关系

应变	应力/MPa	应变	应力/MPa	应变	应力/MPa
0.01	0.39	0.06	3.49	0.11	12.47
0.02	0.84	0.07	4.51	0.12	16.78
0.03	1.35	0.08	5.78	0.13	23.72
0.04	1.95	0.09	7.40	0.14	36.76
0.05	2.65	0.10	9.53	0.15	70.18

为了验证 FLAC^{3D} 软件计算中双屈服模型的参数合理性及准确性，采用唯一单元法进行参数校验。单元块尺寸为 1 m×1 m×1 m，在模型周边和底边固定位移，模型顶部施加固定的垂直速度加载，通过试差法反演计算得到 FLAC^{3D} 软件计算中双屈服采空区材料主要力学参数如表 2-16 所列，数值计算模型和萨拉蒙模型中采空区材料应力-应变关系比较如图 2-25 所示。

表 2-16　FLAC³D软件计算中双屈服采空区材料主要力学参数

类别	密度/(kg/m³)	体积模量/GPa	剪切模量/GPa	内摩擦角/(°)	剪胀角/(°)
数值	1 800	6.86	5.53	20	7

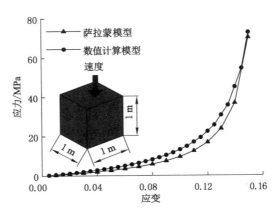

图 2-25　数值计算模型和萨拉蒙模型中采空区材料应力-应变关系比较

2.6.2.2　巷旁充填体莫尔-库仑应变软化模型

　　高水材料因具有良好的塑性变形特性而被广泛应用于沿空留巷工程中，3107工作面巷旁充填体采用水灰比1.5∶1的高水材料充填构筑而成，通过MTS815.02岩石力学伺服系统测试得到水灰比1.5∶1的高水材料标准试件（高度为100 mm、直径为50 mm）全应力-应变曲线如图2-26所示。

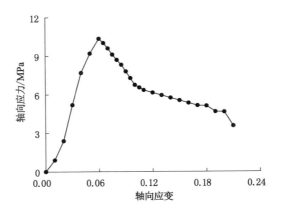

图 2-26　标准试件全应力-应变曲线

沿空留巷充填区域直接顶稳定控制研究

由图 2-26 可以看出,当高水材料应变达到 0.10 时,试件仍保持较高的承载能力,材料塑性变形较大。为了在 FLAC³ᴰ 数值计算软件中更好地评估巷旁充填体的力学行为,莫尔-库仑非线性应变软化模型可以用于描述图 2-26 中高水材料的塑性变形。为了获得准确的莫尔-库仑非线性应变软化模型计算参数,采用子模型法进行参数校验。模型尺寸为直径 2 m、高度 4 m,划分网格 86 400 个,在模型周边固定位移,模型顶部和底部同时施加固定的速度(2.5×10^{-5} m/step)加载,通过试差法反演计算得到巷旁充填体主要力学参数如表 2-17 和表 2-18 所列,数值计算模型和室内试验测试得到巷旁充填体的应力-应变关系比较如图 2-27 所示。

表 2-17　巷旁充填体莫尔-库仑应变软化模型计算参数

属性	密度/(kg/m³)	体积模量/GPa	剪切模量/GPa
数值	1 100	0.06	0.075 9

表 2-18　巷旁充填体莫尔-库仑应变软化模型黏聚力、内摩擦角和塑性参数关系

塑性参数	黏聚力/MPa	内摩擦角/(°)	塑性参数	黏聚力/MPa	内摩擦角/(°)
0.00	3.0	30	0.20	2.2	22
0.06	2.8	28	0.25	1.7	19
0.10	2.6	26	0.30	1.5	16
0.15	2.4	24	1.00	1.5	16

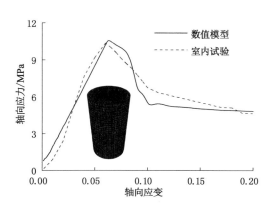

图 2-27　数值计算模型和室内试验测试得到巷旁充填体的应力-应变关系比较

2.6.2.3　充填区域直接顶莫尔-库仑应变软化模型

Mohammad 等[139]通过现场原位测试和室内试验指出现场原位测试的弹性

模量是实验室测试的弹性模量的 46.9%,现场原位测试的单轴抗拉强度是实验室测试的单轴抗拉强度的 50%,现场原位测试的单轴抗压强度是实验室测试的单轴抗压强度的 28.4%,现场原位测试的泊松比和实验室测试的泊松比基本相等。蔡美峰[140]研究指出煤岩体弹性模量、黏聚力、抗拉强度等参数一般为煤岩块标准试件室内测试结果的 10%～25%,泊松比为实验室测试结果的 1.2～1.4 倍。

因此,充填区域直接顶在采用莫尔-库仑应变软化模型时,考虑直接顶岩体弹性变形阶段弹性模量为室内测试结果的 10%～25%,泊松比为室内测试结果的 1.0～1.4 倍;黏聚力、内摩擦角、剪胀角等根据式(2-32)的关系式经过相应折减后应用,具体折减系数根据现场监测结果迭代反演计算确定。

2.6.3 充填区域直接顶岩体数值计算模型合理性评估

为了评估充填区域直接顶岩体数值计算模型的合理性,通过迭代反演的方法,并经过与现场矿压监测结果进行对比分析验证反演计算结果的合理性。反演计算得到充填区域直接顶力学参数如表 2-19 和表 2-20 所列。

表 2-19　充填区域直接顶岩体数值计算反演参数

类别	弹性模量/GPa	泊松比	抗拉强度/MPa
参数	4.96	0.21	0.3

表 2-20　莫尔-库仑应变软化模型中不同塑性参数对应的充填区域
直接顶岩体黏聚力、内摩擦角和剪胀角

塑性参数	0	0.001	0.002	0.003	0.004	0.005	0.006	0.01	1
黏聚力/MPa	2.7	2.121	1.931	1.869	1.849	1.842	1.840	1.839	1.839
内摩擦角/(°)	26.26	21.71	20.675	20.439	20.386	20.374	30.371	20.37	20.37
剪胀角/(°)	2.54	11.02	15.64	18.16	19.54	20.04	20.70	21.15	21.19

下面从 3107 工作面采空区应力、3107 工作面辅助进风巷沿空留巷围岩变形以及 3107 工作面与 3108 工作面之间煤柱帮钻孔应力方面对充填区域直接顶岩体数值计算模型的合理性进行验证。

2.6.3.1　3107 工作面采空区应力

数值计算结束,通过记录提取煤层中部位置 3107 采空区垂直应力数据绘制得到如图 2-28 所示的 3107 工作面采空区垂直应力分布规律。

由图 2-28 可知,3107 工作面采空区边缘垂直应力基本为 0;随着到采空区

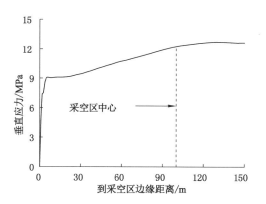

图 2-28 3107 工作面采空区垂直应力分布规律

边缘距离的增大,即靠近采空区中心,采空区垂直应力迅速增加;当到采空区边缘距离为 100 m 时,垂直应力达到 12.25 MPa,即采空区恢复到原岩应力的 97.7%(12.25 MPa/12.535 MPa),该距离为煤层埋深的 20%(100 m/500 m)。这与其他学者的研究结果一致,即采空区所采用的双屈服模型是适用的。

2.6.3.2 3107 工作面辅助进风巷沿空留巷围岩变形

在 3107 工作面辅助进风巷沿空留巷期间,采用十字布丁法监测沿空留巷围岩变形,现场监测结果如图 2-29 所示。根据数值计算结果,通过记录提取 3107 工作面辅助进风巷沿空留巷围岩变形数据绘制得到如图 2-29 所示的沿空留巷围岩变形数值计算对比结果。

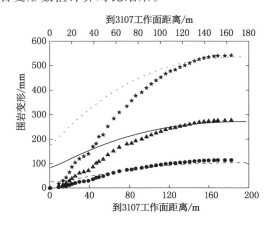

图 2-29 3107 工作面辅助进风巷沿空留巷围岩变形现场监测与数值计算对比

由图 2-29 可以看出,数值计算得到的沿空留巷围岩变形与现场监测结果十分接近,本书采用的数值计算整体模型是合适的。

2.6.3.3 3107 工作面与 3108 工作面煤柱帮钻孔应力

在 3107 工作面里程 1 200 m 处煤柱帮 2 m、10 m、12 m、14 m 深处分别安装 KJ653 顶板动态监测系统中的钻孔应力传感器,测得煤柱帮在沿空留巷期间垂直应力如图 2-30(a)所示。根据数值计算结果,通过记录提取 3107 工作面与 3108 工作面煤柱帮中部位置垂直应力数据,绘制得到如图 2-30(b)所示的滞后 3107 工作面 30 m 处的煤柱内垂直应力分布规律。

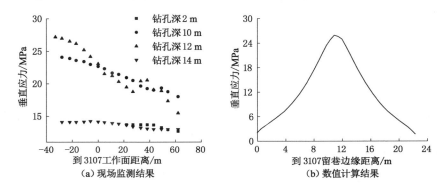

图 2-30 3107 工作面与 3108 工作面煤柱帮垂直应力对比

通过对比分析图 2-30(a)和图 2-30(b)可知,煤柱帮垂直应力基本呈现单峰,峰值点数值计算位于煤柱中部,钻孔应力传感器现场监测位于煤柱深 10~14 m 处;数值计算结果表明,滞后 3107 工作面 30 m 处煤柱内峰值应力为 25.91 MPa,而现场钻孔应力传感器监测结果表明,滞后工作面 33 m 时煤柱内峰值应力达到 27.2 MPa。现场监测结果与数值计算结果表明煤柱内峰值应力及峰值位置基本一致。

因此,本书提出的数值计算模型可以较好地用于沿空留巷数值计算中,且书中反演得到的充填区域直接顶岩体力学参数可以用于模拟 3107 工作面沿空留巷工程,再次证明了书中所建立的基于卸荷力学试验的沿空留巷充填区域直接顶应变软化数值计算模型的合理性。

2.7 本章小结

(1)采用理论分析的方法,基于胡克-布朗岩体屈服准则,评估确定了煤壁前方到超前支承应力峰值区间的直接顶为塑性介质,即沿空留巷充填区域上方的直接顶的应力状态处于全应力-应变曲线的峰后区。

（2）采用室内试验的方法，通过开展砂质泥岩直接顶岩样单轴压缩和常规三轴压缩试验，测试得到了岩样单轴抗压强度为 59.685 MPa，残余强度为 6.68 MPa；直接顶砂质泥岩岩样黏聚力和内摩擦角分别为 18.7 MPa 和 28.53°，残余变形阶段直接顶砂质泥岩岩样黏聚力和内摩擦角分别为 4.05 MPa 和 23.46°。

（3）采用室内试验的方法，通过开展多级轴压多次屈服卸围压试验，测试得到了峰后损伤岩样主要力学参数与塑性剪切应变的函数关系，如式（2-19）所示，并通过对塑性剪切应变与 FLAC^{3D} 软件中的塑性参数进行替换，建立了基于卸荷力学试验的沿空留巷充填区域直接顶应变软化数值计算模型。

$$\begin{cases} E = 778.88e^{(-\gamma_p/0.00027398)} + 9.595 \\ C_i = 17.92e^{(-\gamma_p/0.00161)} + 18.39 \\ \varphi_i = 15.377e^{(-\gamma_p/0.00122)} + 20.37 \\ \psi = -110.51e^{(-\gamma_p/0.00298)} + 84.76 \end{cases}$$

（4）采用迭代反演分析的方法，以新元煤矿 3107 工作面沿空留巷工程实践监测得到的围岩变形及钻孔应力作为已知特征值，再次验证了所建立的基于卸荷力学试验的沿空留巷充填区域直接顶应变软化数值计算模型的合理性。

3　沿空留巷充填区域直接顶不同时期应力分布规律

受工作面回采影响，与本工作面的距离越近，沿空留巷直接顶下沉量越大，直接顶岩体积累的损伤越多；当直接顶达到强度极限时，随着到工作面距离的继续增加，直接顶岩体进入塑性承载状态，直至构筑好的巷旁充填体开始支撑直接顶，直接顶岩体积累的损伤逐渐增多。充填区域直接顶由于反复受载强度降低，顶板极易发生垮冒或者抽冒，直接顶与基本顶之间的离层变形阻止向上传递巷旁充填体的支护阻力，目前对沿空留巷充填区域直接顶灾变机制研究时往往忽略了这一部分。

实际上，沿空留巷充填区域直接顶的灾变机制取决于不同时期充填区域直接顶的受力状态，而充填区域直接顶反复受载使得采用弹塑性力学解析极为复杂。为了了解不同时期充填区域直接顶的应力分布规律，本书建立沿空留巷直接顶力学模型，借助于弹性力学变分法和损伤力学的概念，给出考虑直接顶损伤变量的充填区域直接顶的垂直应力和水平应力解析式，研究充填区域直接顶的应力分布特征和受力状态，揭示沿空留巷充填区域反复受载时直接顶的灾变力学机制。

3.1　沿空留巷顶板活动规律及结构特征

孙恒虎等[141-142]通过研究认为沿空留巷围岩活动主要分为前期活动、过渡期活动和后期活动三个阶段；漆泰岳等[143-144]指出沿空留巷巷旁充填体可以切断部分下位基本顶，顶板首先在靠巷旁充填体采空区侧发生"第一次断裂"，在靠巷道煤帮一侧上方发生"第二次断裂"；李化敏[27]根据时间将沿空留巷的顶板运动分为前期活动、过渡期活动和后期活动；陈勇[103]根据沿空留巷基本顶岩层的活动，将其分为一次采动影响阶段、留巷稳定阶段和二次回采超前影响阶段。部分学者提出的沿空留巷顶板破断特征如图 3-1 所示；沿空留巷各时期顶板岩层活动特征详见表 3-1。

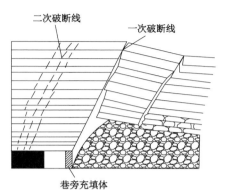

（a）孙恒虎提出的基本顶"二次破断"模型

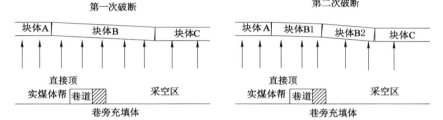

（b）陈勇提出的基本顶"二次破断"模型

图 3-1　部分学者提出的沿空留巷顶板破断特征

表 3-1　沿空留巷各时期顶板岩层活动特征

学者	时期划分	顶板岩层活动特征
孙恒虎	前期活动	顶板向采空区旋转折断，自下而上发展，即一次破断
	过渡期活动	巷道顶板二次破断
	后期活动	顶板岩层发生二次破断，一次破断已经稳定的顶板岩层上方未垮落岩层失去平衡，发生下沉
李化敏	前期活动	留巷侧直接顶沿巷旁充填体边缘一次破断，直接顶垮落及基本顶下沉
	过渡期活动	待直接顶或者基本顶垮落至充满采空区，上位基本顶形成"砌体梁"结构
	后期活动	随着矸石的逐渐压实，"砌体梁"结构上位顶板岩层破断下沉，留巷上方顶板岩层产生平行下沉

表 3-1（续）

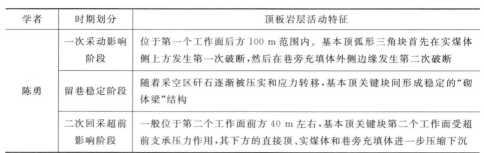

学者	时期划分	顶板岩层活动特征
陈勇	一次采动影响阶段	位于第一个工作面后方 100 m 范围内。基本顶弧形三角块首先在实煤体侧上方发生第一次破断，然后在巷旁充填体外侧边缘发生第二次破断
	留巷稳定阶段	随着采空区矸石逐渐被压实和应力转移，基本顶关键块间形成稳定的"砌体梁"结构
	二次回采超前影响阶段	一般位于第二个工作面前方 40 m 左右，基本顶关键块第二个工作面受超前支承压力作用，其下方的直接顶、实煤体和巷旁充填体进一步压缩下沉

根据上述学者的研究成果可以知道：

（1）直接顶首先在采空区一侧发生破断（此时直接顶处于一端固支的悬臂梁状态），然后在实煤体上方发生第二次破断（此时直接顶处于一端简支的悬臂梁状态）；

（2）当直接顶垮落可以充满采空区时，基本顶岩层会形成稳定的"砌体梁"结构，如图 3-2（a）所示；当直接顶垮落无法充满采空区时，下位基本顶会继续垮落直至充满采空区，此时上位基本顶最终会在沿空留巷巷道上方形成稳定的"砌体梁"结构，如图 3-2（b）所示。

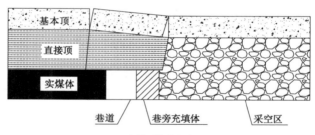

（a）直接顶垮落充满采空区

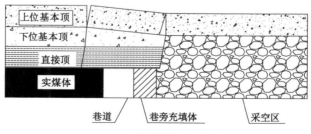

（b）直接顶垮落充不满采空区

图 3-2　沿空留巷顶板结构

随着本工作面的回采,沿空留巷采空区侧的直接顶在自重及巷旁充填体的支护阻力作用下,沿巷旁充填体边缘发生破断,其变形形式主要以旋转下沉为主。当直接顶垮落能够填满采空区,基本顶岩层折断垮落,在平衡过程中基本顶将形成"砌体梁"结构;当直接顶岩层垮落后不能够填满采空区时,下位基本顶岩层也将弯曲断裂垮落,直至填满采空区,后其上位基本顶岩层可形成稳定的"砌体梁"结构,直接顶变形仍以旋转下沉为主。

因此,根据沿空留巷充填区域直接顶在不同时期内受力特点,可以将沿空留巷充填区域反复受载直接顶受载时期分为工作面超前采动影响阶段、液压支架支撑阶段、无巷旁充填体支撑阶段(临时支护阶段)、巷旁充填体增阻支撑阶段和巷旁充填体稳定支撑阶段。

3.2 沿空留巷充填区域直接顶不同时期应力解析

3.2.1 沿空留巷直接顶力学模型的建立

在沿空留巷过程中,直接顶首先受到超前支承应力作用,岩体逐渐积累了损伤,而后当直接顶受到基本顶"给定变形"和下方巷内支护阻力与巷旁支护阻力作用时,积聚大量的弹性变形能,随着直接顶的变形,弹性变形能会逐步释放直至直接顶变形稳定。因此,可近似认为直接顶为损伤变形体,利用能量变分理论求解充填区域直接顶的应力分布问题。

根据沿空留巷顶板活动规律,基本顶以"给定变形"方式作用于下方直接顶。由于基本顶的刚度远大于直接顶和实体煤,因此沿空留巷直接顶上边界为基本顶施加"给定变形"的位移边界,下边界受到巷内支护阻力 p_1、充填区域锚杆锚索支护阻力 p_2、巷旁支护阻力 q 以及极限平衡区范围内的直接顶所受支承应力 σ_{yf} 的作用。巷道顶板左边界可视为固定边界,右边界为巷旁充填体,同时与采空区冒落矸石接触,破碎矸石作用于直接顶的水平推力为 p_3,这样可建立沿空留巷直接顶力学模型如图3-3所示。

巷道开挖后,实煤体帮出现应力集中和弹塑性分区;工作面回采期间,受采动支承应力影响,实煤体帮应力集中系数增大,塑性区进一步向深部发展直至达到应力峰值位置,即直接顶固支端位置。根据极限平衡区理论,实煤体帮峰值应力所处位置 L_1 可以采用下式计算:

$$L_1 = \frac{h_r \lambda}{2 \tan \varphi_f} \ln \left(\frac{k_0 \gamma H_0 + \dfrac{C_f}{\tan \varphi_f}}{\dfrac{C_f}{\tan \varphi_f} + \dfrac{p_x}{\lambda}} \right) \tag{3-1}$$

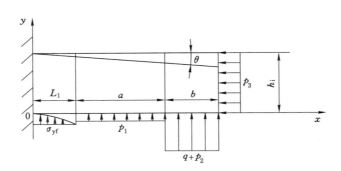

图 3-3 沿空留巷直接顶力学模型

式中：C_f 为分界面的黏聚力，MPa；φ_f 为分界面内摩擦角，(°)；λ 为侧压系数；p_x 为实煤体帮支护强度，MPa；h_r 为巷道高度，m；k_0 为实煤体帮侧向支承应力集中系数；H_0 为沿空留巷巷道顶板处的埋深，m。

实煤体支承应力 σ_{yf} 可以根据下式计算：

$$\sigma_{yf} = \left(\frac{C_f}{\tan \varphi_f} + \frac{p_x}{\lambda} \right) e^{\frac{2\tan \varphi_f}{h_r \lambda} x} - \frac{C_f}{\tan \varphi_f} = A_0 e^{A_1 x} + A_2 \tag{3-2}$$

其中，$A_0 = \dfrac{C_0}{\tan \varphi_0} + \dfrac{p_x}{\lambda}$，$A_1 = \dfrac{2\tan \varphi_f}{h_r \lambda}$，$A_2 = -\dfrac{C_f}{\tan \varphi_f}$。

实际上，当煤层厚度大于巷道高度时（综放开采、部分大采高一次采全厚开采），式（3-1）和式（3-2）中分界面的黏聚力 C_f 和内摩擦角 φ_f 退化为煤层的黏聚力 C_m 和内摩擦角 φ_m；当煤层厚度小于巷道高度时（薄煤层开采、部分中厚煤层开采），式（3-1）和式（3-2）中分界面的黏聚力 C_f 和内摩擦角 φ_f 退化为直接顶岩层的黏聚力 C_i 和内摩擦角 φ_i；当煤层厚度和巷道高度相等时（部分中厚煤层开采、部分大采高一次采全厚开采），式（3-1）和式（3-2）中分界面的黏聚力 C_f 和内摩擦角 φ_f 退化为煤层与直接顶岩层分界面的黏聚力和内摩擦角。

3.2.2 沿空留巷充填区域直接顶应力解析

在一般应变状态下，直接顶储存的形变势能为：

$$U = \frac{1}{2} \iiint \sigma \varepsilon \, dv \tag{3-3}$$

由于直接顶在 Z 方向（工作面开采方向）可视为无限长，本问题为平面应变问题，采用位移变分法求解该问题。直接顶储存的形变势能采用位移分量可表示为：

$$U = \frac{E}{2(1+\mu)} \iint \left[\frac{\mu}{1-2\mu} \left(\frac{\partial u}{\partial x} + \frac{\partial v}{\partial y} \right)^2 + \left(\frac{\partial u}{\partial x} \right)^2 + \left(\frac{\partial v}{\partial y} \right)^2 + \frac{1}{2} \left(\frac{\partial u}{\partial y} + \frac{\partial v}{\partial x} \right)^2 \right] \mathrm{d}x\mathrm{d}y$$

(3-4)

假设直接顶位移分量 u、v 发生了位移边界条件所允许的微小变化 δu、δv，则得到拉格朗日位移变分方程为：

$$\delta U = \iint (X\delta u + Y\delta v)\mathrm{d}x\mathrm{d}y + \int (\bar{X}\delta u + \bar{Y}\delta v)\mathrm{d}s$$

(3-5)

取直接顶位移分量表达式为：

$$\begin{cases} u = u_0 + \sum_m S_m u_m \\ v = v_0 + \sum_m B_m v_m \end{cases}$$

(3-6)

将式（3-6）代入式（3-5），可得直接顶位移变分方程为：

$$\begin{cases} \dfrac{\partial U}{\partial S_m} = \iint X u_m \mathrm{d}x\mathrm{d}y + \int \bar{X} u_m \mathrm{d}s \\ \dfrac{\partial U}{\partial B_m} = \iint Y v_m \mathrm{d}x\mathrm{d}y + \int \bar{Y} v_m \mathrm{d}s \end{cases}$$

(3-7)

式中：X、Y 为体力分量；$\bar{X}$、$\bar{Y}$ 为面力分量；S_m、B_m 为待定常数；u_0、v_0 为满足边界条件的设定函数，它们的边值等于边界上的已知位移；u_m、v_m 为在边界上等于 0 的函数。

根据直接顶力学模型，得到其边界条件如下：

体力分量：$X=0, Y=-\rho g$

面力边界条件：$\begin{cases} \bar{X}=-p_3, \bar{Y}=0, & x=L_1+a+b \\ \bar{X}=0, \bar{Y}=\sigma_{\mathrm{yf}}=A_0 \mathrm{e}^{A_1 x}+A_2, & y=0, 0 \leqslant x \leqslant L_1 \\ \bar{X}=0, \bar{Y}=p_1, & y=0, L_1 \leqslant x \leqslant L_1+a \\ \bar{X}=0, \bar{Y}=q+p_2, & y=0, L_1+a \leqslant x \leqslant L_1+a+b \end{cases}$

位移边界条件：$\begin{cases} u=v=0, & x=0 \\ v=-x\theta, & y=h_1 \end{cases}$

实际上，如果位移分量仅取少数的待定系数，将无法求得直接顶精确的应力解析解。因此，为了获取较为精确的应力解析解，可以取位移分量表达式为：

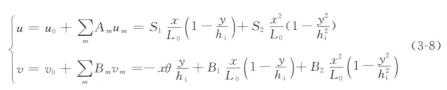

$$\begin{cases} u = u_0 + \sum_m A_m u_m = S_1 \dfrac{x}{L_0}\left(1 - \dfrac{y}{h_i}\right) + S_2 \dfrac{x^2}{L_0}\left(1 - \dfrac{y^2}{h_i^2}\right) \\[2mm] v = v_0 + \sum_m B_m v_m = -x\theta \dfrac{y}{h_i} + B_1 \dfrac{x}{L_0}\left(1 - \dfrac{y}{h_i}\right) + B_2 \dfrac{x^2}{L_0}\left(1 - \dfrac{y^2}{h_i^2}\right) \end{cases} \quad (3\text{-}8)$$

式中：$L_0 = L_1 + a + b$。

显然，式(3-8)满足问题的位移边界条件，可用里茨法求解，将式(3-8)代入式(3-4)得直接顶应变能为：

$$U = U_1 + U_2 + U_3 \quad (3\text{-}9)$$

式中：

$$U_1 = \frac{E\mu}{2(1+\mu)(1-2\mu)} \int_0^{h_i} \int_0^{L_0} \left(\frac{\partial u}{\partial x} + \frac{\partial v}{\partial y}\right)^2 \mathrm{d}x\mathrm{d}y$$

$$U_2 = \frac{E}{2(1+\mu)} \int_0^{h_i} \int_0^{L_0} \left[\left(\frac{\partial u}{\partial x}\right)^2 + \left(\frac{\partial v}{\partial y}\right)^2\right] \mathrm{d}x\mathrm{d}y$$

$$U_3 = \frac{E}{2(1+\mu)} \int_0^{h_i} \int_0^{L_0} \frac{1}{2}\left(\frac{\partial u}{\partial y} + \frac{\partial v}{\partial x}\right)^2 \mathrm{d}x\mathrm{d}y$$

根据式(3-9)积分结果，可计算得到式(3-7)等号左边各偏导结果为：

$$\begin{cases} \begin{aligned} \frac{\partial U}{\partial S_1} =\ & \frac{EL_0(2h_i^2 + L_0^2)}{6h_i(\mu+1)}S_1 + \frac{EL_0(10h_i^2 + 3L_0^2)}{24h_i(\mu+1)}S_2 - \frac{EL_0^2}{8h_i(\mu+1)}B_1 - \\[2mm] & \frac{2EL_0^2}{9h_i(\mu+1)}B_2 - \frac{EL_0\mu}{3(2\mu^2+\mu-1)}S_1 - \frac{5EL_0\mu}{12(2\mu^2+\mu-1)}S_2 + \\[2mm] & \frac{EL_0^2\mu}{4(2\mu^2+\mu-1)}B_1 + \frac{EL_0^2\mu}{9(2\mu^2+\mu-1)}B_2 + \frac{EL_0^2}{8(\mu+1)}\theta + \\[2mm] & \frac{EL_0^2\mu}{4(2\mu^2+\mu-1)}\theta \\[3mm] \frac{\partial U}{\partial S_2} =\ & \frac{EL_0(10h_i^2 + 3L_0^2)}{24h_i(\mu+1)}S_1 + \frac{EL_0(32h_i^2 + 6L_0^2)}{45h_i(\mu+1)}S_2 - \frac{EL_0^2}{18h_i(\mu+1)}B_1 - \\[2mm] & \frac{5EL_0\mu}{12(2\mu^2+\mu-1)}S_1 - \frac{32EL_0\mu}{45(2\mu^2+\mu-1)}S_2 + \frac{4EL_0^2\mu}{9(2\mu^2+\mu-1)}B_1 + \\[2mm] & \frac{EL_0^2\mu}{4(2\mu^2+\mu-1)}B_2 + \frac{EL_0^2}{8(\mu+1)}\theta + \frac{4EL_0^2\mu}{9(2\mu^2+\mu-1)}\theta - \frac{EL_0^2}{8h_i(\mu+1)}B_2 \end{aligned} \end{cases}$$

$$(3\text{-}10)$$

$$
\left\{
\begin{aligned}
\frac{\partial U}{\partial B_1} &= \frac{EL_0\,(h_i^2 + 2L_0^2)}{6h_i(\mu+1)}B_1 + \frac{EL_0\,(5h_i^2 + 6L_0^2)}{27h_i(\mu+1)}B_2 - \frac{EL_0^2}{8h_i(\mu+1)}S_1 - \\
&\quad \frac{EL_0^2}{18h_i(\mu+1)}S_2 - \frac{EL_0^3\mu}{3h_i(2\mu^2+\mu-1)}B_1 - \frac{EL_0^3\mu}{4h_i(2\mu^2+\mu-1)}B_2 + \\
&\quad \frac{EL_0^2\mu}{4(2\mu^2+\mu-1)}S_1 + \frac{4EL_0^2\mu}{9(2\mu^2+\mu-1)}S_2 + \frac{EL_0\,(4L_0^2-h_i^2)}{12h_i(\mu+1)}\theta - \\
&\quad \frac{EL_0^3\mu}{3h_i(2\mu^2+\mu-1)}\theta \\[2mm]
\frac{\partial U}{\partial B_2} &= \frac{EL_0\,(5h_i^2 + 6L_0^2)}{24h_i(\mu+1)}B_1 + \frac{EL_0\,(16h_i^2 + 12L_0^2)}{45h_i(\mu+1)}B_2 - \frac{2EL_0^2}{9h_i(\mu+1)}S_1 - \\
&\quad \frac{EL_0^2}{8h_i(\mu+1)}S_2 - \frac{EL_0^3\mu}{4h_i(2\mu^2+\mu-1)}B_1 - \frac{4EL_0^3\mu}{15h_i(2\mu^2+\mu-1)}B_2 + \\
&\quad \frac{EL_0^2\mu}{9(2\mu^2+\mu-1)}S_1 + \frac{EL_0^2\mu}{4(2\mu^2+\mu-1)}S_2 + \frac{EL_0\,(2L_0^2-h_i^2)}{8h_i(\mu+1)}\theta - \\
&\quad \frac{EL_0^3\mu}{4h_i(2\mu^2+\mu-1)}\theta
\end{aligned}
\right. \tag{3-11}
$$

根据式(3-7)和边界条件可求得式(3-7)等号右边为:

$$
\left\{
\begin{aligned}
\frac{\partial U}{\partial S_1} &= \int_0^{h_i}(-p_3)\left(1-\frac{y}{h_i}\right)\mathrm{d}y = -\frac{p_3 h_i}{2} \\
\frac{\partial U}{\partial S_2} &= \int_0^{h_i}(-p_3)L_0\left(1-\frac{y^2}{h_i^2}\right)\mathrm{d}y = -\frac{2p_3 h_i L_0}{3}
\end{aligned}
\right. \tag{3-12}
$$

$$
\left\{
\begin{aligned}
\frac{\partial U}{\partial B_1} &= \int_0^{L_1}(A_0\mathrm{e}^{A_1 x}+A_2)\frac{x}{L_0}\mathrm{d}x + \int_{L_1}^{L_1+a}\frac{xp_1}{L_0}\mathrm{d}x + \int_{L_1+a}^{L_1+a+b}(q+p_2)\frac{x}{L_0}\mathrm{d}x \\
&= \frac{A_2 L_1^2 + ap_1(2L_1+a) + b(p_2+q)(2L_1+2a+b)}{2L_0} + \\
&\quad \frac{A_0(A_1 L_1\mathrm{e}^{A_1 L_1} - \mathrm{e}^{A_1 L_1} + 1)}{A_1^2 L_0} \\[2mm]
\frac{\partial U}{\partial B_2} &= \int_0^{L_1}(A_0\mathrm{e}^{A_1 x}+A_2)\frac{x^2}{L_0}\mathrm{d}x + \int_{L_1}^{L_1+a}\frac{x^2 p_1}{L_0}\mathrm{d}x + \int_{L_1+a}^{L_1+a+b}(q+p_2)\frac{x^2}{L_0}\mathrm{d}x \\
&= \frac{A_2 L_1^3 + ap_1(3L_1^2+3aL_1+a^2)}{3L_0} + \frac{A_0(2\mathrm{e}^{A_1 L_1}+A_1^2 L_1^2\mathrm{e}^{A_1 L_1}-2A_1 L_1\mathrm{e}^{A_1 L_1}-2)}{A_1^3 L_0} + \\
&\quad \frac{b(p_2+q)(3L_1^2+6aL_1+3bL_1+3a^2+3ab+b^2)}{3L_0}
\end{aligned}
\right.
$$

$$\tag{3-13}$$

联立式(3-10)~式(3-13)可以得到 S_1、S_2、B_1、B_2 的四元一次方程组。采用 MATLAB 解之,可得 S_1、S_2、B_1、B_2 的解析解。将 S_1、S_2、B_1、B_2 代入式(3-8)即可得到位移分量 u、v。

根据几何方程及物理方程,可知直接顶应力分量为:

$$\begin{cases} \sigma_x = \dfrac{E}{1+\mu}\left[\dfrac{\mu}{1-2\mu}\left(\dfrac{\partial u}{\partial x}+\dfrac{\partial v}{\partial y}\right)+\dfrac{\partial u}{\partial x}\right] \\[3mm] \sigma_y = \dfrac{E}{1+\mu}\left[\dfrac{\mu}{1-2\mu}\left(\dfrac{\partial u}{\partial x}+\dfrac{\partial v}{\partial y}\right)+\dfrac{\partial v}{\partial y}\right] \end{cases} \tag{3-14}$$

当考虑直接顶损伤时,根据连续介质损伤力学,式(3-14)可以改写为:

$$\begin{cases} \sigma_x = \dfrac{E(1-D_i)}{(1+\mu)(1-2\mu)}\left[(1-\mu)\dfrac{\partial u}{\partial x}+\mu\dfrac{\partial v}{\partial y}\right] \\[3mm] \sigma_y = \dfrac{E(1-D_i)}{(1+\mu)(1-2\mu)}\left[(1-\mu)\dfrac{\partial v}{\partial y}+\mu\dfrac{\partial u}{\partial x}\right] \end{cases} \tag{3-15}$$

式中:D_i 为直接顶损伤变量,可以采用第 2 章室内试验提出的以直接顶弹性模量损伤表征直接顶损伤变量的演化规律。

根据式(3-13),式(3-15)可以改写为:

$$\begin{cases} \sigma_x = \dfrac{E\mu x(1-D_i)(L_0 h_i\theta+2B_2 xy+B_1 L_0 h_i)}{(1+\mu)(2\mu-1)L_0 h_i^2}+ \\[3mm] \qquad \dfrac{E(1-D_i)(h_i-y)(\mu-1)(2S_2 h_i x+2S_2 xy+S_1 h_i L_0)}{(1+\mu)(2\mu-1)L_0 h_i^2} \\[4mm] \sigma_y = \dfrac{Ex(1-D_i)(1-\mu)(L_0 h_i\theta+2B_2 xy+B_1 L_0 h_i)}{(1+\mu)(2\mu-1)L_0 h_i^2}- \\[3mm] \qquad \dfrac{E\mu(1-D_i)(h_i-y)(2S_2 h_i x+2S_2 xy+S_1 h_i L_0)}{(1+\mu)(2\mu-1)L_0 h_i^2} \end{cases} \tag{3-16}$$

根据式(3-16)可知,沿空留巷充填区域直接顶应力分布主要与基本顶回转下沉角、直接顶力学参数(弹性模量、泊松比)、直接顶厚度、采高、直接顶损伤变量等因素有关。

3.3　沿空留巷充填区域直接顶不同时期应力分布规律

结合新元煤矿 3107 工作面实际生产地质条件,工作面平均埋深为 500 m,倾斜长度为 240 m,煤层倾角平均为 4°,煤层平均厚度为 2.8 m,3107 辅助进风巷断面尺寸(宽×高)为 4.8 m×3.0 m,沿空留巷宽度为 5.2 m,沿 3# 煤层底板掘进,实煤体帮侧压系数 λ 为 1.2,侧向支承应力集中系数 k_0 为 2.0,巷道顶采用锚网索支护,巷内顶板支护强度 p_1 为 0.2 MPa,实煤体帮支护强度 p_x 为 0.1 MPa,直接顶为 7.1 m 厚的砂质泥岩,上覆岩层平均容重 γ 为 2.5×10^4 N/m³,分界面黏聚力 C_i 为 1.35 MPa,内摩擦角 φ_i 为 13.13°;3107 工作面采用 ZY6800/17/35 型掩护式液压支架,液压支架支护强度最大为 1.0 MPa;3107 工作面巷旁充填体采用高水材料构筑,巷旁充填体支护强度最大为 8 MPa。根据第 2 章室内试验及数值计算反演,直接顶黏聚力 C_i 为 2.7 MPa,内摩擦角 φ_i 为 26.259°,弹性模量 E 为 4.96 GPa,泊松比 μ 为 0.21。将以上数据代入式(3-1)和式(3-2)可以计算得到 $L_1 = 12.75$ m,系数 $A_0 = 5.871 \times 10^6$,$A_1 = 0.13$,$A_2 = -5.788 \times 10^6$。

根据沿空留巷直接顶不同时期的破断特征,可以将直接顶受载时期分为处于工作面液压支架支撑阶段、无巷旁充填体支撑阶段(临时支护阶段)、巷旁充填体增阻支撑阶段、巷旁充填体稳定支撑阶段。考虑到不同时期充填区域直接顶常见的支护技术和支护强度的差异性,在以上四个阶段内 p_2、p_3、q 典型取值如表 3-2 所列。

表 3-2　四个阶段内 p_2、p_3、q 典型取值

阶段	p_2/MPa	p_3/MPa	q/MPa
工作面液压支架支撑阶段	0～1.2	0.1	0
无巷旁充填体支撑阶段(临时支护阶段)	0～0.5	0.1	0
巷旁充填体增阻支撑阶段	0.2	0.1	0～10
巷旁充填体稳定支撑阶段	0.2	0.1	8

3.3.1　工作面液压支架支撑阶段充填区域直接顶应力分布规律

3.3.1.1　工作面液压支架支撑阶段充填区域直接顶应力分布特征

根据第 2 章室内试验结果可知:直接顶岩样在卸围压试验过程中,弹性模量损伤变量逐渐增大,恒定轴向位移卸围压过程中弹性模量损伤变量平均为 0.069。因此,可以假定在工作面液压支架支撑阶段,直接顶损伤变量平均为 0.069。同时,根据众多沿空留巷工程实践,在沿空留巷全过程中顶板最终回转下沉角 θ 最大可达 6°,该阶段内取回转下沉角 θ 为 1°。将以上结果代入式(3-16)可以得到工作面液压支架支撑阶段直接顶垂直应力和水平应力分布特征如图 3-4 所示。图 3-4 中垂直应力拉应力为"＋",压应力为"－";水平应力向巷内一侧为"－",向采空区一侧为"＋",到巷内边缘距离均为往采空区一侧与沿空留巷边缘距离,图 3-4～图 3-7 中均相同。

由图 3-4 可知,工作面液压支架支撑阶段充填区域直接顶垂直应力和水平应力分布有以下特征:

(1)在充填区域直接顶 1/2 厚度和 1/4 厚度之间($h_i/4 < y < h_i/2$),直接顶垂直应力出现零点,即垂直应力由拉应力过渡为压应力的临界点,充填区域直接顶存在一定厚度的拉应力作用范围;往采空区方向随着到巷内边缘距离的增大,

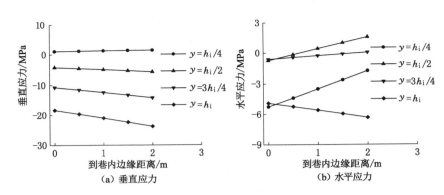

（a）垂直应力　　　　　（b）水平应力

图 3-4　工作面液压支架支撑阶段充填区域直接顶垂直应力和水平应力分布

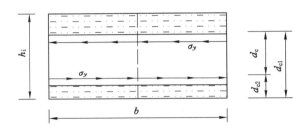

图 3-5　充填区域直接顶水平错动示意图

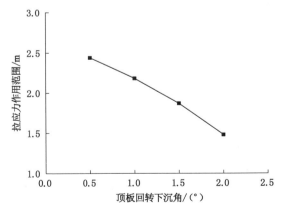

图 3-6　工作面液压支架支撑阶段顶板回转下沉角与
充填区域直接顶拉应力作用范围关系

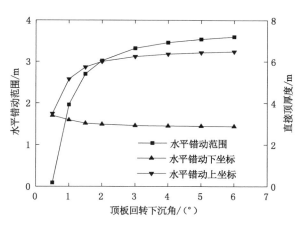

图 3-7 工作面液压支架支撑阶段顶板回转下沉角与
充填区域直接顶水平错动范围关系

处于拉应力作用范围的充填区域直接顶的垂直应力逐渐增大,处于压应力作用范围的充填区域直接顶垂直应力也逐渐增大。

(2) 在充填区域直接顶 1/2 厚度和 1/4 厚度之间($h_i/4 < y < h_i/2$),直接顶水平应力出现零点,即直接顶水平应力方向发生转向(由朝向巷内一侧变为朝向采空区一侧);充填区域直接顶水平应力转向临界点以下,往采空区方向随着到巷内边缘距离的增大,直接顶水平应力逐渐减小;充填区域直接顶水平应力转向临界点以上,往采空区方向随着到巷内边缘距离的增大,直接顶水平应力逐渐增大;充填区域直接顶水平应力出现转向,表明直接顶岩体将出现层间的水平错动,如图 3-5 所示,其中充填区域水平错动下坐标 d_{c1} 和上坐标 d_{c2} 差值即为水平错动范围 d_c。

3.3.1.2 工作面液压支架支撑阶段充填区域直接顶受力状态分析

为了进一步分析充填区域直接顶受力状态,可以根据式(3-16)求得充填区域直接顶的垂直应力和水平应力的零点位置,进而确定充填区域直接顶拉应力作用范围和水平错动范围。

(1) 充填区域直接顶拉应力作用范围

以充填区域中部为例($x = L_1 + a + b/2 = L_0 - b/2$),令式(3-16)中的等式右侧的垂直应力 $\sigma_y = 0$,则有:

$$2S_2xy^2 + \left(\frac{1-\mu}{\mu}2B_2x^2 + S_1h_iL_0\right)y + \frac{1-\mu}{\mu}L_0h_ix(\theta + B_1) - (2S_2h_i^2x + S_1h_i^2L_0) = 0$$

$$(3\text{-}17)$$

可以看出,式(3-17)是关于 y(直接顶厚度方向)的一元二次方程,其有两个数值解,舍去负解,可以求得充填区域直接顶拉应力作用范围 d_t:

$$d_t = \frac{-F_2 + \sqrt{4F_1F_3 - F_2^2}}{2F_1} \tag{3-18}$$

其中:

$$F_1 = 2S_2(L_0 - b/2)$$

$$F_2 = \frac{1-\mu}{\mu} 2B_2 x^2 + S_1 h_i L_0$$

$$F_3 = \frac{1-\mu}{\mu} L_0 h_i x(\theta + B_1) - (2S_2 h_i^2 x + S_1 h_i^2 L_0)$$

结合新元煤矿 3107 工作面生产地质条件,当顶板回转下沉角变化时,代入不同回转下沉角可得充填区域直接顶拉应力作用范围,结果如图 3-6 所示。

由图 3-6 可知,随着顶板回转下沉角的增大,工作面液压支架支撑阶段充填区域直接顶拉应力作用范围逐渐减小。这是由于随着顶板回转下沉角的增大,直接顶变形产生的附加水平应力增大,顶板三向受力状态改善。当顶板回转下沉角为 1° 时,充填区域直接顶拉应力作用范围为 2.18 m;当顶板回转下沉角为 2° 时,充填区域直接顶拉应力作用范围为 1.48 m。

(2) 充填区域直接顶水平错动范围

以充填区域中部为例($x = L_1 + a + b/2 = L_0 - b/2$),令式(3-16)中的等式右侧的水平应力 $\sigma_x = 0$,则有:

$$2S_2 x y^2 + \left(S_1 h_i L_0 + \frac{2\mu B_2 x^2}{1-\mu}\right)y - 2S_2 h_i^2 x - S_1 h_i^2 L_0 + \frac{\mu x h_i L_0(B_1 + \theta)}{1-\mu} = 0 \tag{3-19}$$

可以看出,式(3-19)是关于 y(直接顶厚度方向)的一元二次方程,其有两个数值解,当两个数值解均为正值时,两个数值解之差即为充填区域直接顶水平错动范围。因此,可以求得充填区域直接顶水平错动范围 d_c:

$$d_c = d_{c1} - d_{c2} = \frac{\sqrt{4G_1G_3 - G_2^2}}{G_1} \tag{3-20}$$

其中:

$$G_1 = 2S_2(L_0 - b/2)$$

$$G_2 = S_1 h_i L_0 + \frac{2\mu B_2 (L_0 - b/2)^2}{1-\mu}$$

$$G_3 = -2S_2 h_i^2 (L_0 - b/2) - S_1 h_i^2 L_0 + \frac{\mu(L_0 - b/2)h_i L_0(B_1 + \theta)}{1-\mu}$$

结合新元煤矿 3107 工作面生产地质条件,当顶板回转下沉角变化时,代入不同回转下沉角可得充填区域直接顶水平错动范围,结果如图 3-7 所示。

由图 3-7 可知,随着顶板回转下沉角的增大,工作面液压支架支撑阶段充填区域直接顶水平错动范围逐渐增大并趋于稳定。这是由于随着顶板回转下沉角的增大,直接顶上部受基本顶挤压变形导致朝向巷内一侧的水平应力增大。充填区域直接顶下部水平应力转向点呈现逐渐减小后趋于稳定,上部水平应力转向点呈现逐渐增大后趋于稳定。顶板回转下沉角为 1° 时,充填区域直接顶水平错动下坐标为 3.19 m、上坐标为 5.15 m,水平错动范围为 1.96 m;顶板回转下沉角为 2° 时,充填区域直接顶水平错动下坐标为 2.98 m、上坐标为 6.00 m,水平错动范围为 3.02 m。

3.3.2 无巷旁充填体支撑阶段充填区域直接顶应力分布规律

3.3.2.1 无巷旁充填体支撑阶段充填区域直接顶应力分布特征

该阶段内取直接顶回转下沉角 θ 为 2°,直接顶损伤变量平均为 0.174,该阶段内一般采用锚网索加强支护和单体液压支柱临时支护,顶板支护强度一般不超过 0.5 MPa,顶板支护强度取 0.5 MPa,其余参数同前,代入式(3-16)可得充填区域直接顶厚度方向上的垂直应力和水平应力数值,结果如图 3-8 所示。

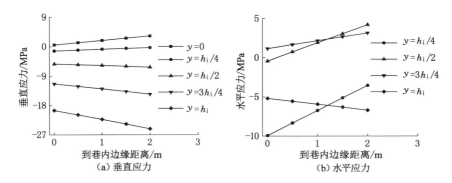

图 3-8 无巷旁充填体支撑阶段充填区域直接顶垂直应力和水平应力分布

由图 3-8 可知,无巷旁充填体支撑阶段充填区域直接顶垂直应力和水平应力分布有以下特征:

(1) 在充填区域直接顶下表面和 1/4 厚度之间($0 < y < h_i/4$),直接顶垂直应力出现零点,即垂直应力由拉应力过渡为压应力的临界点;充填区域直接顶垂直应力临界点以下,往采空区方向随着到巷内边缘距离的增大,直接顶垂直应力(拉应力)逐渐增大,充填区域直接顶垂直应力(压应力)也逐渐增大。

(2) 在充填区域直接顶 1/2 厚度和 3/4 厚度之间($h_i/2 < y < 3h_i/4$),直接顶

水平应力出现零点,即直接顶水平应力方向由朝向巷内一侧变为朝向采空区一侧;充填区域直接顶水平应力转向临界点以下,往采空区方向随着到巷内边缘距离的增大,直接顶水平应力逐渐减小;充填区域直接顶水平应力转向临界点以上,往采空区方向随着到巷内边缘距离的增大,直接顶水平应力逐渐增大;充填区域直接顶水平应力出现转向,表明直接顶岩体将出现层间的水平错动。

3.3.2.2 无巷旁充填体支撑阶段充填区域直接顶受力状态分析

为了确定无巷旁充填体支撑阶段充填区域直接顶拉应力作用范围和水平错动范围,可以根据式(3-18)和式(3-20)计算求解。

(1) 充填区域直接顶拉应力作用范围

以充填区域中部为例($x=L_1+a+b/2=L_0-b/2$),结合新元煤矿 3107 工作面生产地质条件,当顶板回转下沉角变化时,代入不同回转下沉角可得无巷旁充填体支撑阶段充填区域直接顶拉应力作用范围,结果如图 3-9 所示。

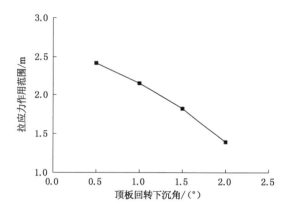

图 3-9　无巷旁充填体支撑阶段顶板回转下沉角与
充填区域直接顶拉应力作用范围关系

由图 3-9 可知,随着顶板回转下沉角的增大,无巷旁充填体支撑阶段充填区域直接顶拉应力作用范围逐渐减小。这是由于随着顶板回转下沉角的增大,直接顶变形产生的附加水平应力增大,顶板三向受力状态改善。当顶板回转下沉角为 1°时,充填区域直接顶拉应力作用范围为 2.15 m;当顶板回转下沉角为 2°时,充填区域直接顶拉应力作用范围为 1.39 m。无巷旁充填体支撑阶段充填区域直接顶拉应力作用范围较工作面液压支架支撑阶段充填区域直接顶拉应力作用范围略有减小。

(2) 充填区域直接顶水平错动范围

以充填区域中部为例($x=L_1+a+b/2=L_0-b/2$),结合新元煤矿 3107 工作面生产地质条件,当顶板回转下沉角变化时,代入不同回转下沉角可得无巷旁充填体支撑阶段充填区域直接顶水平错动范围,结果如图 3-10 所示。

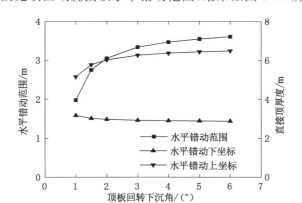

图 3-10　无巷旁充填体支撑阶段顶板回转下沉角与
充填区域直接顶水平错动范围关系

由图 3-10 可知,随着顶板回转下沉角的增大,无巷旁充填体支撑阶段充填区域直接顶水平错动范围逐渐增大并趋于稳定。这是由于随着顶板回转下沉角的增大,直接顶上部受基本顶挤压变形产生的朝向巷内一侧的水平应力增大。充填区域直接顶下部水平应力转向点呈现逐渐减小后趋于稳定,上部水平应力转向点呈现逐渐增大后趋于稳定。顶板回转下沉角为 1°时,充填区域直接顶水平错动下坐标为 3.17 m、上坐标为 5.15 m,水平错动范围为 1.98 m;顶板回转下沉角为 2°时,充填区域直接顶水平错动下坐标为 2.97 m、上坐标为 6.02 m,水平错动范围为 3.05 m。无巷旁充填体支撑阶段充填区域直接顶水平错动范围较工作面液压支架支撑阶段充填区域直接顶水平错动范围略有增大。

3.3.3　巷旁充填体增阻支撑阶段充填区域直接顶应力分布规律

3.3.3.1　巷旁充填体增阻支撑阶段充填区域直接顶应力分布特征

该阶段内取直接顶回转下沉角 θ 为 3°,直接顶损伤变量平均为 0.3,巷旁充填体增阻支撑阶段支护强度平均取 5 MPa,其余参数同前,代入式(3-16)可得充填区域直接顶厚度方向上的垂直应力和水平应力数值,结果如图 3-11 所示。

由图 3-11 可知,巷旁充填体增阻支撑阶段充填区域直接顶垂直应力和水平应力分布有以下特征:

(1) 在充填区域直接顶下表面和 1/4 厚度之间($0 < y < h_i/4$),直接顶垂直应力出现零点,即垂直应力由拉应力过渡为压应力的临界点;充填区域直接顶垂

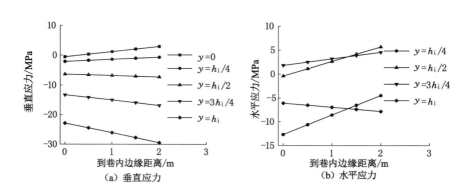

图 3-11　巷旁充填体增阻支撑阶段充填区域直接顶垂直应力与水平应力分布

直应力临界点以下,往采空区方向随着到巷内边缘距离的增大,直接顶垂直应力(拉应力)逐渐增大,充填区域直接顶垂直应力(压应力)逐渐增大。

(2) 在充填区域直接顶厚度方向上,充填区域直接顶水平应力两次出现了零点,分别在直接顶 1/4 厚度和 1/2 厚度之间($h_i/4 < y < h_i/2$)和直接顶 1/2 厚度和 3/4 厚度之间($h_i/2 < y < 3h_i/4$),即水平应力方向两次发生改变,直接顶岩体发生水平错动区域较大;当直接顶零点水平应力临界位置在直接顶厚度中部以下时,往采空区方向随着到巷内边缘距离的增大,直接顶水平应力逐渐减小,水平应力方向朝向巷内一侧;当直接顶零点水平应力临界位置在直接顶厚度中部以上时,往采空区方向随着到巷内边缘距离的增大,直接顶水平应力逐渐减小,水平应力方向朝向巷内一侧;在两个水平应力零点之间时,直接顶朝向巷内一侧水平应力逐渐减小,朝向采空区一侧水平应力逐渐增大;充填区域直接顶水平应力出现转向,表明直接顶岩体将出现层间的水平错动。

3.3.3.2　巷旁充填体增阻支撑阶段充填区域直接顶受力状态分析

为了确定巷旁充填体增阻支撑阶段充填区域直接顶拉应力作用范围和水平错动范围,可以根据式(3-18)和式(3-20)计算求解。

(1) 充填区域直接顶拉应力作用范围

以充填区域中部为例($x = L_1 + a + b/2 = L_0 - b/2$),该阶段巷旁充填体支护强度平均取 5 MPa,结合新元煤矿 3107 工作面生产地质条件,当顶板回转下沉角变化时,代入不同回转下沉角可得巷旁充填体增阻支撑阶段充填区域直接顶拉应力作用范围,结果如图 3-12 所示。

由图 3-12 可知,随着顶板回转下沉角的增大,巷旁充填体增阻支撑阶段充填区域直接顶拉应力作用范围逐渐减小。这是由于随着顶板回转下沉角的增大,直接顶变形产生的附加水平应力增大,顶板三向受力状态改善。当顶板回转

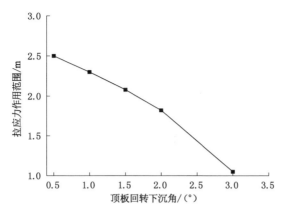

图 3-12　巷旁充填体增阻支撑阶段顶板回转下沉角与
充填区域直接顶拉应力作用范围关系

下沉角为 2°时，充填区域直接顶拉应力作用范围为 1.82 m；当顶板回转下沉角为 3°时，充填区域直接顶拉应力作用范围为 1.05 m。巷旁充填体增阻支撑阶段充填区域直接顶拉应力作用范围较无巷旁充填体支撑阶段充填区域直接顶拉应力作用范围略有减小。

（2）充填区域直接顶水平错动范围

以充填区域中部为例（$x=L_1+a+b/2=L_0-b/2$），该阶段巷旁充填体支护强度平均取 5 MPa，结合新元煤矿 3107 工作面生产地质条件，当顶板回转下沉角变化时，代入不同回转下沉角可得巷旁充填体增阻支撑阶段充填区域直接顶水平错动范围，结果如图 3-13 所示。

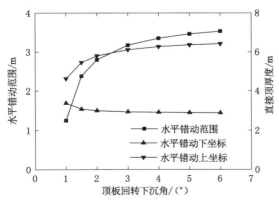

图 3-13　巷旁充填体增阻支撑阶段顶板回转下沉角与
充填区域直接顶水平错动范围关系

由图 3-13 可知,随着顶板回转下沉角的增大,巷旁充填体增阻支撑阶段充填区域直接顶水平错动范围逐渐增大并趋于稳定。这是由于随着顶板回转下沉角的增大,直接顶上部受基本顶挤压变形产生的朝向巷内一侧水平应力增大。充填区域直接顶下部水平应力转向点呈现逐渐减小后趋于稳定,上部水平应力转向点呈现逐渐增大后趋于稳定。顶板回转下沉角为 2°时,充填区域直接顶水平错动下坐标为 3.00 m、上坐标为 5.80 m,水平错动范围为 2.80 m;顶板回转下沉角为 3°时,充填区域直接顶水平错动下坐标为 2.94 m、上坐标为 6.11 m,水平错动范围为 3.17 m。巷旁充填体增阻支撑阶段充填区域直接顶水平错动范围较无巷旁充填体支撑阶段充填区域直接顶水平错动范围略有增大。

为了进一步分析巷旁充填体增阻速度对充填区域直接顶水平错动范围的影响规律,以巷旁充填体平均支护强度大小表征巷旁充填体增阻速度,取该阶段顶板回转下沉角为 3°,代入不同巷旁充填体平均支护强度可得巷旁充填体增阻支撑阶段充填区域直接顶水平错动范围,结果如图 3-14 所示。

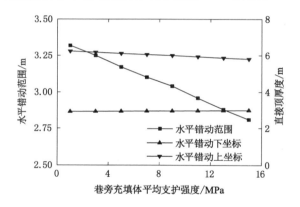

图 3-14　巷旁充填体增阻支撑阶段巷旁充填体平均支护强度与
充填区域直接顶水平错动范围关系

由图 3-14 可知,巷旁充填体平均支护强度越大(增阻速度越大),充填区域直接顶水平错动下坐标基本不变、上坐标逐渐减小,即充填区域直接顶水平错动范围减小。

3.3.4　巷旁充填体稳定支撑阶段充填区域直接顶应力分布规律

3.3.4.1　巷旁充填体稳定支撑阶段充填区域直接顶应力分布特征

该阶段内取直接顶回转下沉角 θ 为 4°,直接顶损伤变量平均为 0.35,巷旁充填体稳定支护强度取 8 MPa,其余参数同前,代入式(3-16)可得充填区域直接顶厚度方向上的垂直应力和水平应力数值,结果如图 3-15 所示。

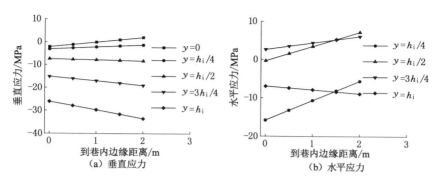

图 3-15　巷旁充填体稳定支撑阶段充填区域直接顶垂直应力和水平应力分布

由图 3-15 可知,巷旁充填体稳定支撑阶段充填区域直接顶垂直应力和水平应力分布有以下特征:

(1) 在充填区域直接顶下表面和 1/4 厚度之间($0<y<h_i/4$),直接顶垂直应力出现零点,即垂直应力由拉应力过渡为压应力的临界点;充填区域直接顶垂直应力临界点以下,往采空区方向随着到巷内边缘距离的增大,直接顶垂直应力(拉应力)逐渐增大,充填区域直接顶垂直应力(压应力)逐渐增大。

(2) 在充填区域直接顶厚度方向上,充填区域直接顶水平应力两次出现了零点,分别在直接顶 1/4 厚度和 1/2 厚度之间($h_i/4<y<h_i/2$)和直接顶 1/2 厚度和 3/4 厚度之间($h_i/2<y<3h_i/4$),即水平应力方向两次发生改变,直接顶岩体发生水平错动区域较大;当直接顶零点水平应力临界位置在厚度中部以下时,往采空区方向随着到巷内边缘距离的增大,直接顶水平应力逐渐减小,水平应力方向朝向巷内一侧;当直接顶零点水平应力临界位置在厚度中部以上时,往采空区方向随着到巷内边缘距离的增大,直接顶水平应力逐渐减小,水平应力方向朝向巷内一侧;在两个水平应力零点之间时,直接顶朝向巷内一侧水平应力逐渐减小,朝向采空区一侧水平应力逐渐增大;充填区域直接顶水平应力出现转向,表明直接顶岩体将出现层间的水平错动。

3.3.4.2　巷旁充填体稳定支撑阶段充填区域直接顶受力状态分析

为了确定巷旁充填体稳定支撑阶段充填区域直接顶拉应力作用范围和水平错动范围,可以根据式(3-18)和式(3-20)计算求解。

(1) 充填区域直接顶拉应力作用范围

以充填区域中部为例($x=L_1+a+b/2=L_0-b/2$),该阶段巷旁充填体支护强度取 8 MPa,结合新元煤矿 3107 工作面生产地质条件,当顶板回转下沉角变化时,代入不同回转下沉角可得巷旁充填体稳定支撑阶段充填区域直接顶拉应力作用范围,结果如图 3-16 所示。

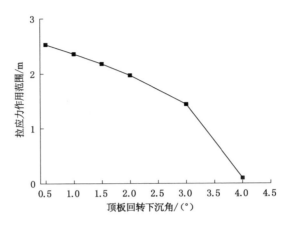

图 3-16　巷旁充填体稳定支撑阶段顶板回转下沉角与
充填区域直接顶拉应力作用范围关系

由图 3-16 可知,随着顶板回转下沉角的增大,巷旁充填体稳定支撑阶段充填区域直接顶拉应力作用范围逐渐减小。这是由于随着顶板回转下沉角的增大,直接顶变形产生的附加水平应力增大,顶板三向受力状态改善。当顶板回转下沉角为 3°时,充填区域直接顶拉应力作用范围为 1.44 m;当顶板回转下沉角为 4°时,充填区域直接顶拉应力作用范围基本接近零。巷旁充填体稳定支撑阶段充填区域直接顶拉应力作用范围较巷旁充填体增阻支撑阶段充填区域直接顶拉应力作用范围进一步减小。

(2) 充填区域直接顶水平错动范围

以充填区域中部为例($x=L_1+a+b/2=L_0-b/2$),该阶段巷旁充填体支护强度平均取 8 MPa,结合新元煤矿 3107 工作面生产地质条件,当顶板回转下沉角变化时,代入不同回转下沉角可得巷旁充填体稳定支撑阶段充填区域直接顶水平错动范围,结果如图 3-17 所示。

由图 3-17 可知,随着顶板回转下沉角的增大,巷旁充填体稳定支撑阶段充填区域直接顶水平错动范围逐渐增大并趋于稳定。这是由于随着顶板回转下沉角的增大,直接顶上部受基本顶挤压变形产生的朝向巷内一侧水平应力增大。充填区域直接顶下部水平应力转向点呈现逐渐减小后趋于稳定,上部水平应力转向点呈现逐渐增大后趋于稳定。顶板回转下沉角为 3°时,充填区域直接顶水平错动下坐标为 2.96 m、上坐标为 6.02 m,水平错动范围为 3.06 m;顶板回转

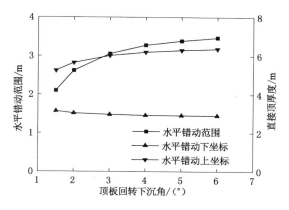

图 3-17　巷旁充填体增阻支撑阶段顶板回转下沉角与
充填区域直接顶水平错动范围关系

下沉角为 4°时,充填区域直接顶水平错动下坐标为 2.92 m、上坐标为 6.2 m,水平错动范围为 3.28 m。巷旁充填体稳定支撑阶段充填区域直接顶水平错动范围较巷旁充填体增阻支撑阶段充填区域直接顶水平错动范围略有增大。

3.4　本章小结

（1）考虑到沿空留巷顶板活动规律和不同时期的结构特征,将沿空留巷充填区域直接顶受载时期分为工作面液压支架支撑阶段、无巷旁充填体支撑阶段（临时支护阶段）、巷旁充填体增阻支撑阶段和巷旁充填体稳定支撑阶段。

（2）采用弹性损伤力学和能量变分理论,给出了沿空留巷充填区域直接顶垂直应力和水平应力表达式,研究得到了工作面液压支架支撑阶段、无巷旁充填体支撑阶段（临时支护阶段）、巷旁充填体增阻支撑阶段、巷旁充填体稳定支撑阶段充填区域直接顶垂直应力和水平应力分布特征:

① 每个阶段内充填区域直接顶厚度方向上均存在一个垂直应力零点,且随着顶板回转下沉角的增大,充填区域直接顶垂直应力零点位置逐渐下降。

② 每个阶段内充填区域直接顶厚度方向上至少存在一个水平应力零点,即水平应力出现作用方向转向,在液压支架支撑阶段和无巷旁充填体支撑阶段均只有一个水平应力零点,水平应力零点位置由直接顶中部厚度以下逐渐上升到中部厚度以上;在巷旁充填体增阻支撑阶段和巷旁充填体稳定支撑阶段均有两个水平应力零点,分别位于直接顶中部厚度上方和下方;充填区域直接顶岩体将出现层间的水平错动。

（3）根据沿空留巷充填区域直接顶垂直应力和水平应力表达式，给出了充填区域直接顶拉应力作用范围和水平错动范围的计算式，结果表明：无论处于哪个阶段，充填区域直接顶浅部岩层均处于拉应力作用范围，且随着顶板回转下沉角的增大，拉应力作用范围逐渐减小，水平错动范围逐渐增大（直接顶水平错动起始点向直接顶下表面靠近，结束点向直接顶上表面靠近）。

4 沿空留巷充填区域直接顶变形、传递载荷、承载机制

　　沿空留巷充填区域直接顶受工作面超前支承应力和液压支架反复加卸荷作用，直接顶岩体发生力学损伤，充填区域直接顶强度降低，导致充填区域直接顶自身承载和传递承载能力降低，直接顶极易向采空区侧运移发生抽冒或者沿巷内切落下沉的垮冒，进而造成沿空留巷围岩结构失稳，严重威胁了沿空留巷的成功实施[105]。因此，保持充填体上方直接顶稳定，有效传递巷旁充填体切顶阻力并保持一定的自承能力是沿空留巷成功实施的重要保障。

　　本章结合前两章研究成果，首先采用数值计算的方法分析充填区域直接顶变形特征影响因素及影响规律，研究沿空留巷充填区域反复受载直接顶的变形（旋转下沉变形和离层变形）机制；而考虑到充填区域直接顶在沿空留巷巷旁充填体构筑后实际处于峰后塑性承载状态，根据弹塑性变形体力学建立巷旁支撑系统载荷传递力学和充填区域直接顶承载力学模型，给出充填区域直接顶载荷传递能力、承载能力表达式，研究分析充填区域反复受载直接顶的传递载荷、承载影响因素及影响规律。

4.1 沿空留巷充填区域直接顶变形机制

4.1.1 沿空留巷充填区域直接顶变形特征

4.1.1.1 沿空留巷充填区域直接顶变形

　　（1）充填区域直接顶岩体剪胀变形

　　沿空留巷充填区域直接顶经历工作面超前支承应力加载和围压降低带来的卸荷作用、工作面开挖后工作面液压支架反复支撑轴向加载和围压降低带来的卸荷作用、无巷旁充填体支撑阶段围压进一步降低的卸荷作用，对于浅部直接顶岩体来说，直接顶岩体围压发生了加载时的体积膨胀变形和卸荷时沿卸荷方向的扩容变形（直接顶岩体内形成的剪切滑移带滑移剪胀变形），直接顶岩体黏聚力和内摩擦角减小、剪胀角增大，强度降低、剪胀变形增加；而较深部直接顶岩体

由于卸荷作用较小,变形以塑性变形为主。

(2) 充填区域直接顶与基本顶离层变形

受工作面开采超前支承应力作用和工作面液压支架的支撑作用,直接顶岩体和基本顶岩体裂隙发育,岩体强度自下而上发生不同程度的衰减,直接顶岩体与基本顶岩体出现不同时期垮落,直接顶与基本顶出现离层;当巷旁充填体开始承载,随着上方基本顶岩层进一步旋转下沉,基本顶与充填区域直接顶之间的离层出现闭合,充填区域直接顶向上传递巷旁充填体支护阻力。

(3) 充填区域直接顶旋转下沉变形

当巷旁充填体达到稳定增阻阶段,其巷旁支护阻力无法切断基本顶岩层时,受基本顶回转下沉影响,直接顶旋转下沉变形可能过大,甚至超过顶板锚固容许变形量,进而导致整个沿空留巷系统发生灾变。需要指出的是,充填区域直接顶的旋转下沉变形是由直接顶浅部剪胀变形和离层变形组成的。

因此,沿空留巷充填区域直接顶变形主要包括充填区域直接顶岩体剪胀变形、直接顶与基本顶离层变形、直接顶旋转下沉变形,这也是充填区域直接顶发生灾变的诱因。

4.1.1.2　沿空留巷充填区域直接顶变形特征影响因素

沿空留巷充填区域直接顶不同时期受力状态分析表明,不同时期内充填区域直接顶拉应力作用范围和水平错动范围会发生变化,这些都将影响充填区域直接顶是否发生灾变,进而影响整个沿空留巷围岩稳定性。根据充填区域直接顶应力解析式可知,不同时期内充填区域直接顶应力分布特征和直接顶厚度与煤层厚度比值、直接顶的岩性、巷旁充填体宽度、顶板回转下沉角等因素有关。

实际上,在巷旁充填体构筑支护之后,顶板回转下沉角受直接顶垮落程度、垮落岩石碎胀系数、巷旁充填体纵向变形率等因素影响。当基本顶块体回转下沉稳定时,采空区冒落矸石上方基本顶岩梁末端的下沉量为:

$$y_1 = \eta_s h_s - h_i (k_i - 1) \tag{4-1}$$

式中:y_1 为采空区冒落矸石上方基本顶岩梁末端的下沉量,m;η_s 为工作面煤炭采出率;h_s 为煤层厚度,m;h_i 为直接顶厚度,m;k_i 为直接顶碎胀系数。

巷旁充填体中部上方基本顶的下沉量 y_2 为:

$$y_2 = \frac{y_1 (L_1 + a + b/2)}{L_0} = \frac{(L_1 + a + b/2)}{L_0} \big[\eta_s h_s - h_i (k_i - 1) \big] \tag{4-2}$$

一般情况下,高水材料构筑的巷旁充填体达到稳定支撑时,其纵向变形率 $\eta_r = 5\% \sim 10\%$,因此,当顶板回转下沉稳定后,顶板回转下沉角 θ 为:

$$\theta = \arctan\left(\frac{y_2 + \eta_r h_i}{L_1 + a + b/2} \right) \approx \frac{y_2 + \eta_r h_i}{L_1 + a + b/2} \tag{4-3}$$

n_{is}为直接顶厚度与煤层厚度比值,令$h_i = n_{is}h_s$,代入式(4-3)可以得到:

$$\theta = \frac{\eta_s h_s - n_{is}h_s(k_i - 1)}{L_1 + a + b} + \frac{\eta_t n_{is}h_s}{L_1 + a + b/2} \qquad (4-4)$$

由式(4-4)可以看出,当顶板回转下沉稳定后,顶板回转下沉角θ受直接顶厚度与煤层厚度比值、直接顶岩性、巷旁充填体宽度等因素影响。因此,采用数值计算的方法,通过研究充填区域直接顶变形破坏特征,分析充填区域直接顶变形、直接顶与基本顶离层变形和直接顶厚度与煤层厚度比值、直接顶岩性、巷旁充填体宽度等因素的敏感性,从而揭示沿空留巷充填区域直接顶的变形机制,为控制充填区域直接顶稳定提供基础。

4.1.2 数值计算模型及计算方案

数值计算模型采用2.6.2节所建立的FLAC³ᴰ数值计算模型,计算中所用参数详见表2-14～表2-19。为了评估各影响因素对沿空留巷充填区域直接顶变形特征的影响程度,数值计算方案详见表4-1。

表 4-1 数值计算方案

影响因素	因素取值
直接顶厚度与煤层厚度比值	2、4、6、8
直接顶岩性	煤、砂质泥岩、二者之间
巷旁充填体宽度	1.2 m、1.6 m、2.0 m、2.4 m、2.8 m、3.2 m、3.6 m、4.0 m

4.1.3 直接顶厚度与煤层厚度比值对沿空留巷充填区域直接顶变形特征的影响

分别研究直接顶厚度与煤层厚度比值为2、4、6、8等4个模型下沿空留巷充填区域直接顶变形破坏特征。

(1)充填区域直接顶下沉变形规律

取充填区域直接顶中部在滞后工作面距离150 m时不同直接顶厚度与煤层厚度比值下的下沉量,结果如图4-1所示。

由图4-1可知,不同直接顶厚度与煤层厚度比值下,沿空留巷充填区域直接顶下沉变形有以下规律:随着直接顶厚度与煤层厚度比值的增大,沿空留巷充填区域直接顶下沉量逐渐增大,这是由于直接顶厚度与煤层厚度比值的增大,垮落直接顶充满采空区后,上位直接顶和基本顶一起回转下沉,顶板回转下沉角增大;以滞后工作面150 m为例:在直接顶厚度与煤层厚度比值为2时,充填区域中部直接顶下沉量为286.09 mm;在直接顶厚度与煤层厚度比值为4时,充填

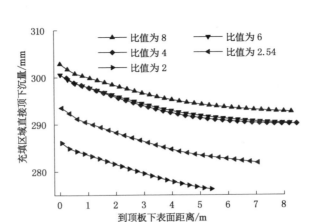

图 4-1　直接顶厚度与煤层厚度比值对充填区域直接顶下沉量的影响

区域中部直接顶下沉量为 299.93 mm；在直接顶厚度与煤层厚度比值为 6 时，充填区域中部直接顶下沉量为 300.58 mm；在直接顶厚度与煤层厚度比值为 8 时，充填区域中部直接顶下沉量为 302.85 mm。

（2）充填区域直接顶和基本顶间的离层变形

在对数值计算结果进行后处理分析时，规定巷道顶部上表面上方 2.0 m 与巷道顶部上表面上方 8.0 m 处的相对位移为直接顶与基本顶之间的离层。取滞后工作面距离 150m 时不同直接顶厚度与煤层厚度比值下充填区域直接顶与基本顶离层变形，结果如图 4-2 所示。

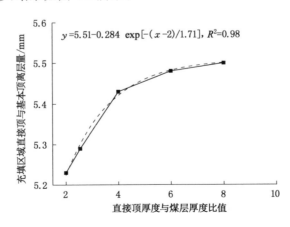

图 4-2　直接顶厚度与煤层厚度比值对充填区域直接顶和基本顶间离层量的影响

由图 4-2 可知,不同直接顶厚度与煤层厚度比值下,沿空留巷充填区域直接顶和基本顶间的离层有以下规律:顶板离层量和直接顶厚度与煤层厚度比值基本呈负指数函数关系。在直接顶厚度与煤层厚度比值为 2 时,充填区域顶板离层量为 5.2 mm;在直接顶厚度与煤层厚度比值为 4 时,充填区域顶板离层量为 5.43 mm;在直接顶厚度与煤层厚度比值为 6 时,充填区域顶板离层量为 5.48 mm;在直接顶厚度与煤层厚度比值为 8 时,充填区域顶板离层量为 5.5 mm。不同直接顶厚度与煤层厚度比值下,充填区域顶板离层量总体差别不大。

4.1.4　直接顶岩性对沿空留巷充填区域直接顶变形特征的影响

分别研究直接顶为砂质泥岩、煤层(本书为软煤)2 个模型下沿空留巷充填区域直接顶变形破坏特征。

（1）充填区域直接顶下沉变形规律

取充填区域直接顶中部在滞后工作面距离 150 m 时不同直接顶岩性下的下沉变形量,结果如图 4-3 所示。

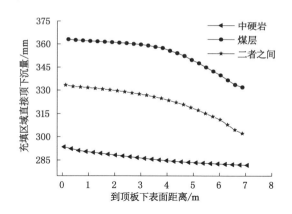

图 4-3　直接顶岩性对充填区域直接顶下沉量的影响

由图 4-3 可知,不同直接顶岩性下,沿空留巷充填区域直接顶下沉变形有以下规律:随着直接顶强度的增大,沿空留巷充填区域直接顶下沉量迅速减小。这是由于充填区域直接顶强度的增大,直接顶承载能力和抗变形能力增加,顶板下沉量减小。以滞后工作面 150 m 为例:充填区域直接顶为煤层时,充填区域中部直接顶下表面下沉量为 363.1 mm;充填区域直接顶为砂质泥岩时,充填区域中部直接顶下表面下沉量为 293.49 mm;充填区域直接顶岩性介于二者之间时,充填区域中部直接顶下表面下沉量为 333.23 mm。

（2）充填区域直接顶和基本顶间的离层变形

取滞后工作面距离 150 m 时不同直接顶岩性下的充填区域直接顶和基本顶间离层量,结果如图 4-4 所示。

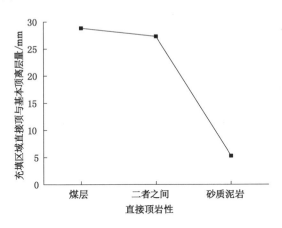

图 4-4　直接顶岩性对充填区域直接顶和基本顶间离层量的影响

由图 4-4 可知,不同直接顶岩性下,沿空留巷充填区域直接顶与基本顶间的离层有以下规律:随着直接顶强度的增大,充填区域直接顶与基本顶间的离层量迅速减小。这是由于随着充填区域直接顶强度的增大,直接顶承载能力和抗变形能力增加,基本顶回转下沉角减小,直接顶与基本顶离层量减小。以滞后工作面 150 m 为例:充填区域直接顶为煤层时,充填区域中部直接顶与基本顶离层量为 28.84 mm;充填区域直接顶为砂质泥岩时,充填区域中部直接顶与基本顶离层量为 5.29 mm;当充填区域直接顶岩性介于二者之间时,充填区域中部直接顶与基本顶离层量为 27.3 mm。

4.1.5　巷旁充填体宽度对沿空留巷充填区域直接顶变形特征的影响

分别研究巷旁充填体宽度为 1.2 m、1.6 m、2.0 m、2.4 m、2.8 m、3.2 m、3.6 m、4.0 m 等 8 个模型下沿空留巷充填区域直接顶变形破坏特征。

（1）充填区域直接顶下沉变形规律

取充填区域直接顶中部在滞后工作面距离 150 m 时不同巷旁充填体宽度下的下沉量,结果如图 4-5 所示。

由图 4-5 可知,不同巷旁充填体宽度下,沿空留巷充填区域直接顶下沉变形有以下规律:随着巷旁充填体宽度的增大,沿空留巷充填区域直接顶下沉量逐渐增大。这是由于巷旁充填体宽度的增加无法改变上覆基本顶的破断形式,基本顶在工作面回采期间首先在实煤体上方发生破断。以滞后工作面 150 m 为例:在

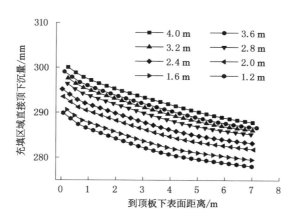

图 4-5　巷旁充填体宽度对充填区域直接顶下沉量的影响

1.2 m 巷旁充填体宽度下,充填区域中部直接顶下表面的下沉量为 288.63 mm;在 1.6 m 巷旁充填体宽度下,充填区域中部直接顶下表面的下沉量为 290.03 mm;在 2.0 m 巷旁充填体宽度下,充填区域中部直接顶下表面的下沉量为 293.49 mm;在 2.4 m 巷旁充填体宽度下,充填区域中部直接顶下表面的下沉量为 293.98 mm;在 2.8 m 巷旁充填体宽度下,充填区域中部直接顶下表面的下沉量为 296.38 mm;在 3.2 m 巷旁充填体宽度下,充填区域中部直接顶下表面的下沉量为 297.6 mm;在 3.6 m 巷旁充填体宽度下,充填区域中部直接顶下表面的下沉量为299.05 mm;在 4.0 m 巷旁充填体宽度下,充填区域中部直接顶下表面的下沉量为 300.05 mm。随着到直接顶下表面距离的增大,沿空留巷充填区域直接顶下沉量逐渐减小。

（2）充填区域直接顶和基本顶间的离层变形

取滞后工作面距离 150 m 时不同巷旁充填体宽度下的充填区域直接顶和基本顶间离层量,结果如图 4-6 所示。

由图 4-6 可知,不同巷旁充填体宽度下,沿空留巷充填区域直接顶和基本顶间的离层有以下规律:充填区域直接顶和基本顶间的离层量与巷旁充填体宽度基本呈二次函数关系。当巷旁充填体宽度小于 2.3 m 时,随着巷旁充填体宽度的增大,充填区域直接顶和基本顶间的离层量逐渐减小;当巷旁充填体宽度大于 2.3 m 时,随着巷旁充填体宽度的增大,充填区域直接顶和基本顶间的离层量逐渐增大。以滞后工作面 150 m 为例:在 1.2 m 巷旁充填体宽度下,充填区域直接顶和基本顶间的离层量为 5.65 mm;在 1.6 m 巷旁充填体宽度下,充填区域直接顶与基本顶间的离层量为 5.47 mm;在 2.0 m 巷旁充填体宽度下,充填区域直接顶与基本顶间的离层量为 5.29 mm;在 2.4 m 巷旁充填体宽度下,充填区域直接顶与基本顶间的离层

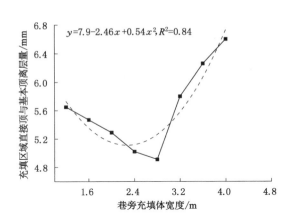

图 4-6　巷旁充填体宽度对充填区域直接顶和基本顶间离层量的影响

量为 5.02 mm；在 2.8 m 巷旁充填体宽度下，充填区域直接顶与基本顶间的离层量为 4.91 mm；在 3.2 m 巷旁充填体宽度下，充填区域直接顶与基本顶间的离层量为 5.8；在 3.6 m 巷旁充填体宽度下，充填区域直接顶与基本顶间的离层量为 6.26 mm；在 4.0 m 巷旁充填体宽度下，充填区域直接顶与基本顶间的离层量为 6.6 mm。

4.2　沿空留巷充填区域直接顶传递载荷作用机制

4.2.1　沿空留巷不均衡承载特征

随着工作面的回采和沿空留巷巷旁充填体的构筑，沿空留巷基本顶在实煤体帮上方发生破断，基本顶关键块一端由实煤体和直接顶支撑，另一端由巷旁充填体即充填区域直接顶支撑，总体呈现向采空区侧回转下沉，其下位煤岩体和巷旁充填体通常难以完全阻止这种下沉。在实煤体侧基本顶的给定变形量是由实煤体上方直接顶压缩量和实煤体压缩量共同构成；在巷旁充填体处基本顶的给定变形量是由充填区域直接顶压缩量和巷旁充填体压缩量共同构成。

沿空留巷充填区域组成"直接顶-巷旁充填体-直接底"构成的巷旁支撑系统。随着巷旁充填体构筑和上覆基本顶岩块的回转下沉，巷旁充填体和直接顶开始承载，共同承担上覆基本顶回转下沉带来的变形和压力，如图 4-7 所示为沿空留巷不均衡承载的应力环境。

在这种情况下，实煤体帮和巷旁充填体将会出现不均衡承载现象，普遍为实煤体承受载荷大于巷旁充填体承受载荷。因此，充填区域直接顶和实煤体上方

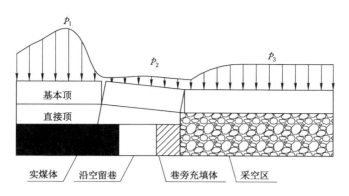

图 4-7　沿空留巷不均衡承载围岩应力环境

直接顶也将出现受力不均匀的现象。当实煤体承受载荷大于巷旁充填体承受载荷时,容易引起实煤体帮向巷内剧烈鼓出,实煤体帮塑性区范围较大;且巷旁充填体将承受上方的由于基本顶破断转移而来的集中载荷,容易使巷旁充填体产生较大纵向压缩量,甚至可能发生钻底,同时巷旁充填体容易产生较大的横向变形甚至失稳,两帮不均衡承载将引起沿空留巷围岩大变形。

4.2.2　巷旁支撑系统载荷传递作用力学模型

为了评估在巷旁充填体构筑支护,充填区域直接顶在巷旁支撑系统中的载荷传递作用,将实煤体、直接顶、巷旁充填体视为不同刚度的弹性损伤变形体,建立巷旁支撑系统载荷传递作用力学模型,如图 4-8 所示。

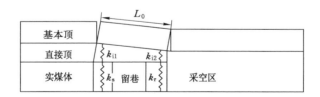

图 4-8　巷旁支撑系统载荷传递作用力学模型

(1)沿空留巷基本顶"给定变形"特征

当基本顶块体回转下沉稳定时,根据式(4-1)、式(4-2)和几何关系,可得实煤体上方基本顶岩梁的下沉量为:

$$y_3 = \frac{y_1 L_1}{L_0} = \frac{L_1}{L_0}\left[\eta_s h_s - h_i(k_i - 1)\right] \tag{4-5}$$

式中:y_3 为实煤体上方基本顶岩梁的下沉量,m。

根据该力学模型的特点,基本顶下沉量有以下几何关系:

$$\begin{cases} y_2 = \Delta_{d2} + \Delta_{b2} \\ y_3 = \Delta_{d1} + \Delta_{b1} \end{cases} \tag{4-6}$$

式中:Δ_{d1} 为实煤体上方直接顶压缩量,m;Δ_{d2} 为巷旁充填体上方直接顶压缩量,m;Δ_{b1} 为实煤体压缩量,m;Δ_{b2} 为巷旁充填体压缩量,m。

（2）沿空留巷各支撑结构承载受力

假定巷旁充填体上方基本顶回转下沉带来的单位长度压力为 p_2,巷旁充填体上方直接顶的压缩量与其所受压力的关系为:

$$p_2 = \frac{E_{d2} b \Delta_{d2}}{h_i} \tag{4-7}$$

式中:E_{d2} 为巷旁充填体上方直接顶弹性模量,Pa。

因此,巷旁充填体上方直接顶抗压缩变形刚度 k_{i2} 为:

$$k_{i2} = \frac{E_{d2} b}{h_i} \tag{4-8}$$

同理,巷旁充填体抗压缩变形刚度 k_r、实煤体抗压缩变形刚度 k_s、实煤体上方直接顶的抗压缩变形刚度 k_{i1} 分别为:

$$k_r = \frac{E_r b}{h_s}, \ k_s = \frac{E_s L_1}{h_s}, \ k_{i1} = \frac{E_{d1} L_1}{h_i} \tag{4-9}$$

式中:E_r 为巷旁充填体弹性模量,Pa;E_s 为实体煤弹性模量,Pa;E_{d1} 为实煤体上方直接顶弹性模量,Pa。

考虑直接顶的不同损伤情况,可近似认为,$E_{d2} = (1 - D_i) E_{d1}$,$D_i$ 为充填区域直接顶损伤变量。

假定实煤体及其上方直接顶组成的支撑系统的刚度为 k_{si1},巷旁充填体及其上方直接顶和组成的巷旁支撑系统刚度为 k_{ri2},结合式（4-8）和式（4-9）可得:

$$\begin{cases} \dfrac{1}{k_{si1}} = \dfrac{1}{k_s} + \dfrac{1}{k_{i1}} \\ \dfrac{1}{k_{ri2}} = \dfrac{1}{k_r} + \dfrac{1}{k_{i2}} \end{cases} \tag{4-10}$$

由此可以得到实煤体侧支撑系统刚度和巷旁支撑系统刚度分别为:

$$\begin{cases} k_{si1} = \dfrac{k_s k_{i1}}{k_s + k_{i1}} = \dfrac{E_s E_{d1} L_1}{E_s h_i + E_{d1} h_s} \\ k_{ri2} = \dfrac{k_r k_{i2}}{k_r + k_{i2}} = \dfrac{E_r (1 - D_i) E_{d1} b}{E_r h_i + (1 - D_i) E_{d1} h_s} \end{cases} \tag{4-11}$$

对于巷旁支撑系统,根据式（4-7）和式（4-8）可知:

$$p_2 = k_{ri2} y_2 = \frac{(1 - D_i) E_{d1} b \Delta_{d2}}{h_i} = \frac{E_r b \Delta_{b2}}{h_s} \tag{4-12}$$

根据式(4-12)可得巷旁充填体上方直接顶压缩量和巷旁充填体压缩量分别为：

$$\begin{cases} \Delta_{d2} = \dfrac{E_r h_i}{E_r h_i + (1 - D_i) E_{d1} h_s} y_2 \\[3mm] \Delta_{b2} = \dfrac{(1 - D_i) E_{d1} h_s}{E_r h_i + (1 - D_i) E_{d1} h_s} y_2 \end{cases} \tag{4-13}$$

将式(4-2)代入式(4-13)，可得：

$$\begin{cases} \Delta_{d2} = \dfrac{E_r h_i (L_1 + a + b/2) y_1}{[E_r h_i + (1 - D_i) E_{d1} h_s] L_0} \\[3mm] \Delta_{b2} = \dfrac{(1 - D_i) E_{d1} h_s (L_1 + a + b/2) y_1}{[E_r h_i + (1 - D_i) E_{d1} h_s] L_0} \end{cases} \tag{4-14}$$

同理，可得：

$$\begin{cases} \Delta_{d1} = \dfrac{E_s h_i y_3}{E_s h_i + E_{d1} h_s} = \dfrac{E_s h_i L_1 y_1}{(E_s h_i + E_{d1} h_s) L_0} \\[3mm] \Delta_{b1} = \dfrac{E_{d1} h_s y_3}{E_s h_i + E_{d1} h_s} = \dfrac{E_{d1} h_s L_1 y_1}{(E_s h_i + E_{d1} h_s) L_0} \end{cases} \tag{4-15}$$

因而，实煤体和巷旁充填体所受应力分别为：

$$\begin{cases} \sigma_s = \dfrac{E_s \Delta_{b1}}{h_s} = \dfrac{E_s E_{d1} L_1 y_1}{(E_s h_i + E_{d1} h_s) L_0} \\[3mm] \sigma_r = \dfrac{E_r \Delta_{b2}}{h_s} = \dfrac{E_{d1} E_r (1 - D_i)(L_1 + a + b/2) y_1}{[E_r h_i + (1 - D_i) E_{d1} h_s] L_0} \end{cases} \tag{4-16}$$

同理，实煤体上方直接顶和巷旁充填体上方直接顶所受应力分别为：

$$\begin{cases} \sigma_{i1} = \dfrac{E_{i1} \Delta_{d1}}{h_i} = \dfrac{E_{i1} E_s L_1 y_1}{(E_s h_i + E_{d1} h_s) L_0} \\[3mm] \sigma_{i2} = \dfrac{E_{i2} \Delta_{d2}}{h_i} = \dfrac{E_{i2} E_r (L_1 + a + b/2) y_1}{[E_r h_i + (1 - D_i) E_{d1} h_s] L_0} \end{cases} \tag{4-17}$$

4.2.3　沿空留巷充填区域直接顶载荷传递影响规律分析

假设直接顶弹性模量 E_{d1} 是巷旁充填体弹性模量 E_r 的 n_0 倍，即 $E_{d1} = n_0 E_r$，根据式(4-11)，巷旁支撑系统刚度可以改写为：

$$k_{ri2} = \dfrac{E_{d1} b}{\dfrac{h_i}{1 - D_i} + n_0 h_s} = \dfrac{n_0 E_r b}{\dfrac{h_i}{1 - D_i} + n_0 h_s} \tag{4-18}$$

由式(4-18)可以看出，沿空留巷巷旁支撑系统刚度，即巷旁支撑系统载荷传递能力与直接顶和巷旁充填体的弹性模量等力学参数相关，同时与巷旁充填体宽度、煤层厚度和直接顶厚度等结构尺寸参数相关。

4.2.3.1 直接顶弹性模量对巷旁支撑系统载荷传递能力的影响规律

以新元煤矿 3107 工作面沿空留巷现场生产地质条件为依据,煤层厚度为 2.8 m,直接顶为 7.1 m 厚砂质泥岩,巷旁充填体宽度为 2.0 m,根据第 3 章计算结果,实煤体帮塑性区宽度为 12.75 m。取 $n_0=10$,代入式(4-18)可以得到直接顶弹性模量对巷旁支撑系统刚度的影响规律如图 4-9 所示。

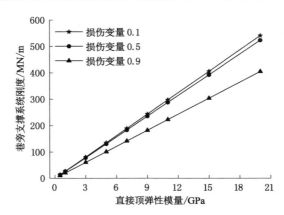

图 4-9　直接顶弹性模量对巷旁支撑系统刚度的影响

由图 4-9 可以看出,直接顶弹性模量对巷旁支撑系统刚度的影响有以下规律:

(1) 随着直接顶弹性模量的增大,巷旁支撑系统刚度增大,即巷旁支撑系统载荷传递能力增大。以损失变量为 0.5 为例:当直接顶弹性模量为 0.5 GPa 时,巷旁支撑系统刚度为 13.05 MN/m;当直接顶弹性模量为 3.0 GPa 时,巷旁支撑系统刚度为 78.33 MN/m;当直接顶弹性模量为 15.0 GPa 时,巷旁支撑系统刚度为 391.6 MN/m。

(2) 随着直接顶损伤变量的增大,巷旁支撑系统刚度减小,即巷旁支撑系统载荷传递能力减小。以直接顶弹性模量 5.0 GPa 为例:当直接顶损伤变量为 0.1 时,巷旁支撑系统刚度为 134.9 MN/m;当直接顶损伤变量为 0.5 时,巷旁支撑系统刚度为 130.5 MN/m;当直接顶损伤变量为 0.9 时,巷旁支撑系统刚度为 101.0 MN/m。随着直接顶损伤变量的增大,巷旁支撑系统刚度减小幅度增大,尤其是当损伤变量超过 0.5 后。

4.2.3.2 巷旁充填体弹性模量对巷旁支撑系统载荷传递能力的影响规律

为了分析直接顶弹性模量对巷旁支撑系统载荷传递能力的影响规律,取直接顶弹性模量为 5.0 GPa,分别取 $n_0=0.1$、1、10,代入式(4-18)可以得到结果如下图 4-10 所示。

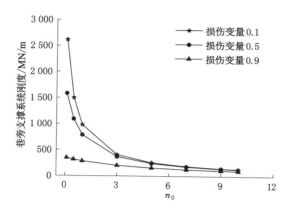

图 4-10　巷旁充填体弹性模量对巷旁支撑系统刚度的影响

由图 4-10 可以看出,巷旁充填体弹性模量对巷旁支撑系统刚度的影响有以下规律:

(1) 随着系数 n_0 的减小,即随着巷旁充填体弹性模量的增大,巷旁支撑系统刚度越大,巷旁支撑系统载荷传递能力越大。以损失变量为 0.5 为例:当系数 n_0 为 0.1 时,巷旁支撑系统刚度为 1 585 MN/m;当系数 n_0 为 1 时,巷旁支撑系统刚度为 787.4 MN/m;当系数 n_0 为 10 时,巷旁支撑系统刚度为 130.5 MN/m。

(2) 随着直接顶损伤变量的增大,巷旁支撑系统刚度减小幅度越大,巷旁支撑系统载荷传递能力衰减程度越大。以系数 n_0 为 0.1 为例:当直接顶损伤变量为 0.1 时,巷旁支撑系统刚度为 134.9 MN/m;当直接顶损伤变量为 0.5 时,巷旁支撑系统刚度为 130.5 MN/m;当直接顶损伤变量为 0.9 时,巷旁支撑系统刚度为 101.0 MN/m。

4.2.4　沿空留巷直接顶不均匀受力系数影响规律分析

定义沿空留巷直接顶不均匀受力系数 $k_{\sigma 1}$ 为实煤体上方直接顶和巷旁充填体上方直接顶的受力比值,定义沿空留巷两帮不均衡承载系数 $k_{\sigma 2}$ 为实煤体和巷旁充填体的受力比值,由式(4-16)和式(4-17)可以看出,$k_{\sigma 1} = k_{\sigma 2}$,即沿空留巷直接顶不均匀受力系数和沿空留巷两帮不均衡承载系数相等。

沿空留巷直接顶不均匀受力系数为:

$$k_{\sigma 1} = k_{\sigma 2} = \frac{\sigma_{i1}}{\sigma_{i2}} = \frac{E_{i1}\Delta_{d1}}{E_{i2}\Delta_{d2}} = \frac{E_s L_1 [E_r h_i + (1 - D_i)E_{d1}h_s]}{E_r(L_1 + a + b/2)(1 - D_i)(E_s h_i + E_{d1}h_s)}$$

$$(4-19)$$

由式(4-19)可以看出,沿空留巷直接顶不均匀受力系数与直接顶、巷旁充填体和实煤体的弹性模量等围岩力学参数相关,同时与实煤体帮峰值应力位置、巷道宽度和巷旁充填体宽度等结构尺寸参数相关。

4.2.4.1 围岩力学参数对沿空留巷直接顶不均匀受力系数影响规律

以新元煤矿 3107 工作面沿空留巷现场生产地质条件为依据,煤层厚度为 2.8 m,直接顶为 7.1 m 厚砂质泥岩,巷旁充填体宽度为 2.0 m,根据第 3 章计算结果,实煤体帮塑性区宽度为 12.75 m。直接顶损伤变量取 0.5,代入式(4-19)可以得到围岩力学参数对直接顶不均匀受力系数的影响规律如图 4-11 所示。

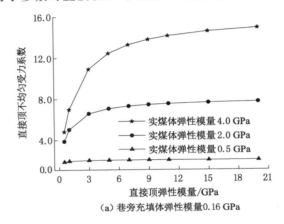

(a) 巷旁充填体弹性模量0.16 GPa

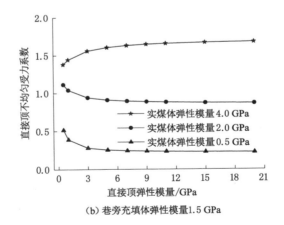

(b) 巷旁充填体弹性模量1.5 GPa

图 4-11　围岩力学参数对直接顶不均匀受力系数的影响

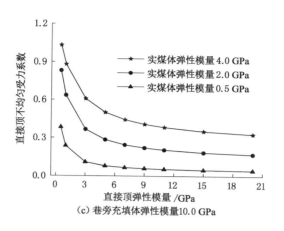

（c）巷旁充填体弹性模量10.0 GPa

图 4-11（续）

由图 4-11 可以看出,围岩力学参数对直接顶不均匀受力系数的影响有以下规律:

（1）当实煤体弹性模量大于巷旁充填体弹性模量时,随着直接顶弹性模量的增大,沿空留巷直接顶不均匀受力系数增大;当实煤体弹性模量小于巷旁充填体弹性模量时,随着直接顶弹性模量的增大,沿空留巷直接顶不均匀受力系数减小。

（2）随着实煤体弹性模量的增大或巷旁充填体弹性模量的减小,直接顶不均匀受力系数急速增大而后趋于稳定。这是因为实煤体弹性模量初期增大,其支撑系统刚度迅速增大,从而支撑系统承载能力迅速增大;随着巷旁充填体弹性模量的增大,巷旁充填体支撑系统的刚度增大,巷旁充填体承载能力增大。

（3）实煤体弹性模量的增大对不均衡承载系数的影响程度明显大于巷旁充填体的弹性模量的增大。

4.2.4.2 直接顶损伤变量对沿空留巷直接顶不均匀受力系数影响规律

为了分析直接顶损伤变量对沿空留巷直接顶不均匀受力系数的影响,取直接顶弹性模量为 5.0 GPa,实煤体弹性模量为 2.0 GPa,巷旁充填体弹性模量为 0.16 GPa,代入式(4-19)得到直接顶损伤变量与直接顶不均匀受力系数的关系如图 4-12 所示。

由图 4-12 可知,直接顶损伤变量越大,沿空留巷不均匀受力系数越大,且增加幅度越来越大。这是因为充填区域直接顶弹性模量减小,巷旁支撑系统刚度减小,支撑系统承载能力减小,沿空留巷不均匀受力系数增大。因而,在设计沿空留巷围岩控制时,要采取一定加固措施抑制巷旁充填体上方直接顶的破坏,保持直接顶的完整性将利于沿空留巷围岩的系统稳定性。

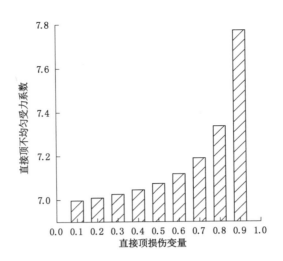

图 4-12　不均衡受力系数与直接顶损伤变量的关系

4.3　沿空留巷充填区域直接顶承载作用机制

　　根据第 2 章直接顶峰后岩样的多级轴压多次屈服卸围压试验结果,岩样在卸围压过程中发生了沿剪切面滑移剪胀变形。在沿空留巷实施过程中,沿空留巷充填区域直接顶破坏主要分为三个阶段:① 工作面受超前支承应力作用,此时工作面到超前支承应力峰值区间的直接顶已经处于峰后塑性状态;② 工作面受液压支架反复支撑作用;③ 巷旁充填体承载期间和直接顶相互作用阶段。直接顶在后两个受载阶段,其变形主要是沿着剪切滑移面的滑移剪胀变形,整个充填区域直接顶内形成一条朝向采空区的剪切滑移带,这也是充填区域直接顶下沉量大于工作面前方直接顶下沉量的决定因素。

　　因此,根据极限平衡理论,建立沿空留巷充填区域直接顶承载力学模型如图 4-13 所示。

　　模型的基本特征有:

　　(1)剪切滑移破坏范围(b_2)的直接顶变形表现为沿滑移面滑移,剪切滑移带与垂直方向夹角为 α,塑性区范围(b_1)的直接顶岩体的强度随着直接顶变形量的增大而降低。

　　(2)模型的左侧为巷内上方直接顶对充填区域直接顶的水平作用力 σ_{x1},右侧为采空区冒落煤矸石对充填区域直接顶水平作用力 σ_{x2}。

　　(3)模型上表面为基本顶对充填区域直接顶的垂直作用力,下表面为巷旁

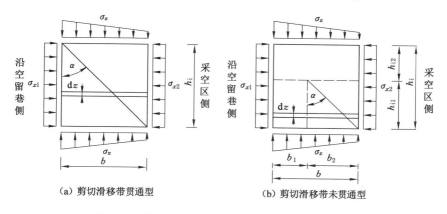

（a）剪切滑移带贯通型

（b）剪切滑移带未贯通型

图 4-13　沿空留巷充填区域直接顶承载力学模型

充填体对充填区域直接顶的垂直作用力。

4.3.1　剪切滑移带贯通型充填区域直接顶承载能力

沿倾向取单位高度 dz 直接顶作为研究对象，如图 4-14 所示，可以得到作用在剪切滑移带上的正应力 σ_n 和剪应力 τ_s 分别为：

$$\sigma_n = \sigma_z \sin^2 \alpha + \sigma_x \cos^2 \alpha \tag{4-20}$$

$$\tau_s = (\sigma_z - \sigma_x) \sin \alpha \cos \alpha \tag{4-21}$$

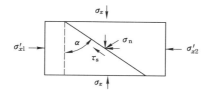

图 4-14　直接顶单元体受力

根据莫尔-库仑准则，剪切滑移带的平衡条件为：

$$\tau_s = \tau_0 = \sigma_n \tan \varphi_i + C_i \tag{4-22}$$

$$\alpha = 45° - \varphi_i / 2 \tag{4-23}$$

式中：τ_0 为剪切滑移带的抗剪强度。

将式（4-20）和式（4-21）代入式（4-22）可以得到：

$$\sigma_z = \sigma_x \cot \alpha \tan(\alpha + \varphi_i) + \frac{C_i}{\sin \alpha \cos \alpha (1 - \tan \alpha \tan \varphi_i)} = J_1 \sigma_x + J_2 C_i$$

$$\tag{4-24}$$

式中：

$$J_1 = \cot \alpha \tan(\alpha + \varphi_i)$$

$$J_2 = \frac{1}{\sin \alpha \cos \alpha (1 - \tan \alpha \tan \varphi_i)}$$

由式（4-24）可以看出，当充填区域直接顶的力学性质确定时，维持充填区域直接顶平衡的垂直应力与水平作用力呈线性关系。即当充填区域直接顶所承受的侧压越大，打破充填区域直接顶平衡所需的垂直应力越大，充填区域直接顶的承载能力越大；而当侧压一定时，充填区域直接顶的承载能力主要取决于直接顶的力学性质。因此，剪切滑移带贯通型充填区域直接顶单位宽度的承载能力为：

$$\int_0^{h_i} \sigma_z \mathrm{d}z = J_1 \int_0^{h_i} \sigma_x \mathrm{d}z + J_2 h_i C_i \tag{4-25}$$

若设侧向作用力沿充填区域直接顶上表面到直接顶下表面呈线性递减规律变化，则有：

$$\sigma_x = \sigma_{x1} - \frac{\sigma_{x1} - \sigma_{x2}}{h_i} z \tag{4-26}$$

代入式（4-25）则有：

$$\int_0^{h_i} \sigma_z \mathrm{d}z = J_1 (\sigma_{x1} + \sigma_{x2}) \frac{h_i}{2} + J_2 h_i C_i \tag{4-27}$$

因此，可得剪切滑移带贯通充填区域直接顶时，直接顶承载能力为：

$$R = b \int_0^{h_i} \sigma_z \mathrm{d}z = J_1 b (\sigma_{x1} + \sigma_{x2}) \frac{h_i}{2} + J_2 b h_i C_i \tag{4-28}$$

实际上，沿空留巷实施后，采空侧对充填区域直接顶的侧向作用力较小，若考虑 $\sigma_{x2} = 0$，式（4-28）即变为：

$$R = J_1 b \sigma_{x1} \frac{h_i}{2} + J_2 b h_i C_i \tag{4-29}$$

4.3.2 剪切滑移带未贯通型充填区域直接顶承载能力

根据图 4-13(b) 可知，当剪切滑移带未贯通充填区域直接顶时，整个充填区域直接顶承载能力由剪切滑移区域直接顶承载能力和塑性区范围直接顶承载能力组成。类似式（4-24）～式（4-28），可以计算得到其中剪切滑移区域直接顶单位宽度承载能力：

$$\int_0^{h_{i1}} \sigma_z \mathrm{d}z = J_1 \int_0^{h_i} \sigma_x \mathrm{d}z + J_2 h_{i1} C_i \tag{4-30}$$

将式（4-26）代入式（4-30）则有：

$$\int_0^{h_{i1}} \sigma_z \mathrm{d}z = J_1 (\sigma_{x1} + \sigma_{x2}) \frac{h_{i1}}{2} + J_2 h_{i1} C_i \tag{4-31}$$

对于剪切滑移带未贯通部分的直接顶（$h_{i1} < z < h_i$）处于塑性承载状态，根据莫尔-库仑强度准则，该塑性承载区域直接顶单元体的强度可以表示为：

$$\sigma_i(z) = \sigma_{ucs} + \lambda_0 \sigma_x \tag{4-32}$$

式中：$\sigma_i(z)$为直接顶单元体在水平侧向力 σ_x 作用下的强度；λ_0 为围压效应系数；σ_{ucs} 为直接顶的单轴抗压强度。

塑性承载区域直接顶单位宽度承载能力为：

$$\int_{h_{i1}}^{h_i} \sigma_i(z)\mathrm{d}z = \int_{h_{i1}}^{h_i} (\sigma_{ucs} + \lambda_0 \sigma_x)\mathrm{d}z = \int_{h_{i1}}^{h_i} \left[\sigma_{ucs} + \lambda_0 \left(\sigma_{x1} - \frac{\sigma_{x1} - \sigma_{x2}}{h_i} z\right)\right]\mathrm{d}z$$

$$= \sigma_{ucs}(h_i - h_{i1}) + \lambda_0 \sigma_{x1}(h_i - h_{i1}) - \frac{\lambda_0(\sigma_{x1} - \sigma_{x2})(h_i^2 - h_{i1}^2)}{2h_i} \tag{4-33}$$

根据式(4-31)和式(4-33)，可得充填区域直接顶的承载能力为：

$$R = b\left(\int_0^{h_{i1}} \sigma_z \mathrm{d}z + \int_{h_{i1}}^{h_i} \sigma_i(z)\mathrm{d}z\right)$$

$$= \left[J_1(\sigma_{x1} + \sigma_{x2})\frac{h_{i1}}{2} + J_3 h_{i1} C_i\right]b + \left[\sigma_{ucs}(h_i - h_{i1}) + \lambda_0 \sigma_{x1}(h_i - h_{i1}) - \frac{\lambda_0(\sigma_{x1} - \sigma_{x2})(h_i^2 - h_{i1}^2)}{2h_i}\right]b \tag{4-34}$$

式(4-34)也可改写为：

$$R = \sigma_{x1} b\left[\frac{J_1 h_{i1}}{2} + \lambda_0(h_i - h_{i1}) - \frac{\lambda_0(h_i^2 - h_{i1}^2)}{2h_i}\right] + \sigma_{x2} b\left[\frac{J_1 h_{i1}}{2} + \frac{\lambda_0(h_i^2 - h_{i1}^2)}{2h_i}\right] + J_2 b h_{i1} C_i + \sigma_{ucs} b(h_i - h_{i1}) \tag{4-35}$$

当 $\sigma_{x2} = 0$ 时，式(4-35)即变为：

$$R = \sigma_{x1} b\left[\frac{J_1 h_{i1}}{2} + \lambda_0(h_i - h_{i1}) - \frac{\lambda_0(h_i^2 - h_{i1}^2)}{2h_i}\right] + J_2 b h_{i1} C_i + \sigma_{ucs} b(h_i - h_{i1}) \tag{4-36}$$

4.3.3　充填区域直接顶承载能力影响因素及影响规律

由式(4-28)可知，当剪切滑移面贯通充填区域直接顶时，充填区域直接顶承载能力与充填区域宽度、采空区侧对充填区域直接顶的侧向作用力、巷内侧直接顶对充填区域直接顶的侧向作用力、充填区域直接顶力学性质、直接顶厚度有关。

由式(4-34)可知，当剪切滑移面未贯通充填区域直接顶时，充填区域直接顶承载能力不仅与充填区域宽度、采空区侧对充填区域直接顶的侧向作用力、巷内侧直接顶对充填区域直接顶的侧向作用力、充填区域直接顶力学性质、直接顶厚

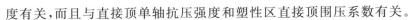

度有关,而且与直接顶单轴抗压强度和塑性区直接顶围压系数有关。

综合式(4-28)和式(4-34)可知,充填区域直接顶承载能力有以下规律:

(1)采空区侧对充填区域直接顶的水平侧向作用力越大,充填区域直接顶的承载能力越大。

(2)充填区域直接顶的单轴抗压强度越大,充填区域直接顶的承载能力越大。

(3)充填区域塑性区直接顶围压效应系数越大,充填区域直接顶的承载能力越大。

(4)直接顶力学性质对充填区域直接顶承载能力的影响可由其内摩擦角 φ_i 和黏聚力 C_i 在式(4-24)中反映。图 4-15 为影响系数(J_1、J_2)随 φ_i 变化的趋势,由图可看出,随着直接顶内摩擦角 φ_i 的增大,系数 J_1、J_2 增大,充填区域直接顶的承载能力增大。

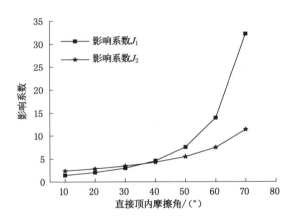

图 4-15 影响系数随直接顶内摩擦角 φ_i 的变化规律

4.4 本章小结

(1)采用数值计算的方法,研究了巷旁充填体宽度、直接顶岩性、直接顶厚度与煤层厚度比值等因素对沿空留巷充填区域直接顶变形特征影响规律,结果表明:① 随着直接顶厚度与煤层厚度比值的增大,沿空留巷充填区域直接顶下沉量逐渐增大,顶板离层量和直接顶厚度与煤层厚度比值基本呈负指数函数关系。② 随着直接顶强度的增大,基本顶回转下沉角减小,直接顶承载能力和抗变形能力增大,沿空留巷充填区域直接顶下沉量迅速减小,直接顶与基本顶间的离层量迅速减小。③ 随着巷旁充填体宽度的增大,沿空留巷充填区域直接顶下沉量逐渐增大,充填区域直接顶和基本顶间的离层量与巷旁充填体宽度基本呈二次函数关系。当巷旁充填体宽度小于2.3 m时,随着巷旁充填体宽度的增大,充填区域直接顶和基本顶间的离层量逐渐减小;当巷旁充填体宽度大于2.3 m时,随着巷旁充填体宽度的增大,充填区域直接顶和基本顶间的离层量逐渐增大。这是由于巷旁充填体宽度的增加无法改变上覆基本顶的破断形式,基本顶在工作面回采期间首先在实煤体上方发生破断。

（2）采用弹性损伤力学,建立了沿空留巷巷旁支撑系统载荷传递作用力学模型,推导得到了巷旁支撑系统载荷传递能力计算式,结果表明:随着直接顶弹性模量的增大,巷旁支撑系统载荷传递能力增大;随着直接顶损伤变量的增大,巷旁支撑系统载荷传递能力减小;随着巷旁充填体弹性模量的增大,巷旁支撑系统刚度越大,巷旁支撑系统载荷传递能力越大。

（3）通过定义沿空留巷直接顶不均匀受力系数 k_{a1} 为实煤体上方直接顶和巷旁充填体上方直接顶的受力比值,定义沿空留巷两帮不均衡承载系数 k_{a2} 为实煤体和巷旁充填体的受力比值,推导得到了相应的计算式,结果表明:直接顶不均匀受力系数与两帮不均衡承载系数相等;当实煤体弹性模量大于巷旁充填体弹性模量时,随着直接顶弹性模量的增大,沿空留巷直接顶不均匀受力系数增大;当实煤体弹性模量小于巷旁充填体弹性模量时,随着直接顶弹性模量的增大,沿空留巷直接顶不均匀受力系数减小;随着实煤体弹性模量的增大或巷旁充填体弹性模量的减小,直接顶不均匀受力系数急速增大而后趋于稳定;实煤体弹性模量的增大对不均衡承载系数的影响程度明显大于巷旁充填体弹性模量的增大;直接顶损伤变量越大,沿空留巷不均匀受力系数越大,且增加幅度越来越大。

（4）采用极限平衡理论,将充填区域直接顶分为剪切滑移带贯通型和剪切滑移带未贯通型,建立了沿空留巷充填区域直接顶承载力学模型,分别得到了充填区域直接顶承载能力的计算式,结果表明:采空侧对充填区域直接顶的水平侧向作用力越大,充填区域直接顶的承载能力越大;直接顶的单轴抗压强度越大,充填区域直接顶的承载能力越大;充填区域塑性区直接顶围压效应系数越大,充填区域直接顶的承载能力越大;随着直接顶内摩擦角 φ_1 的增大,影响系数 J_1、J_2 增大,充填区域直接顶的承载能力增大。

5 沿空留巷充填区域直接顶稳定控制技术

沿空留巷充填区域直接顶受工作面超前支承应力和液压支架反复加卸荷作用,直接顶岩体发生力学损伤,充填区域直接顶与基本顶极易发生较大离层导致传递载荷能力降低;在巷旁充填体构筑承载后,充填区域直接顶由于卸荷作用极易形成的剪切滑移带产生较大滑移剪胀变形,而且直接顶岩体浅部受拉破坏面积较大,顶板下沉量大,极易造成沿空留巷整个围岩系统的结构失稳,沿空留巷充填区域直接顶控制难度大。

本章基于沿空留巷充填区域直接顶受力状态、变形特征及其载荷传递承载作用特征,研究了锚杆支护对充填区域直接顶岩体滑移剪胀变形的控制作用,并分析了不同时期内充填区域直接顶和基本顶离层变形的控制原理,开发了相应的沿空留巷充填区域直接顶稳定控制技术。

5.1 沿空留巷充填区域直接顶稳定控制原理与基本思路

5.1.1 沿空留巷充填区域直接顶稳定控制原理

根据沿空留巷充填区域直接顶不同时期的受力状态、变形特征及其载荷传递承载作用特征,充填区域直接顶稳定控制可分为充填区域直接顶滑移剪胀变形控制、充填区域直接顶和基本顶离层变形控制。

充填区域直接顶滑移剪胀变形控制主要采用加固法,即减弱充填区域直接顶的力学特性损伤,提高充填区域直接顶垂直方向约束力,抑制直接顶的卸荷剪胀变形,提高充填区域直接顶的承载能力和抗水平错动能力。常用的方法包括:① 锚杆超前加固充填区域直接顶,提高充填区域直接顶自身抗剪胀变形能力;② 巷旁充填体快速增阻以减小直接顶卸荷破坏时间。

充填区域直接顶和基本顶离层变形控制主要是通过提高充填区域直接顶垂直方向上的支护阻力,抑制充填区域直接顶与基本顶在无巷旁充填体支撑阶段、巷旁充填体增阻支撑阶段的离层变形。常用的方法包括:① 采用锚索支护提前加固充填区域上方直接顶和基本顶,提高实煤体上方直接顶的弹性模量,提高直接顶和基本顶的层间结合力,减小离层变形;② 工作面后方充填区域单体液压支柱临时支护,减小充填区域的宽度或充填区域直接顶外露长度;③ 采用合适的充填材料构筑巷旁充填体。这是因为由式(4-17)可知巷旁充填体弹性模量越大,充填区域直接顶受力越大,可能发生巷旁充填体钻顶使直接顶发生切冒事故;由式(4-14)可知当巷旁充填体弹性模量越小,巷旁充填体纵向变形量越大,可能发生巷旁充填体失稳现象。

5.1.2 沿空留巷充填区域直接顶稳定控制基本思路

综上所述,沿空留巷充填区域直接顶稳定控制的基本思路如图 5-1 所示。首先,在沿空留巷前,确定合理的巷旁充填体宽度、加固实煤体帮及其上方直接顶,保持沿空留巷系统稳定,优化巷旁支撑系统;其次,在工作面液压支架支撑护顶阶段,在回采工作面前方设计合理的加强支护参数,采用锚杆和锚索加固充填区域直接顶,抑制充填区域直接顶的剪胀变形和直接顶与基本顶之间的离层变形;再次,在无巷旁充填体支撑阶段,采用单体液压支柱临时支护,设计合理的一次充填长度,减小充填区域直接顶卸荷作用发生剪胀变形的时间,提供足够的垂直支护阻力抑制充填区域直接顶和基本顶的离层;最后,在巷旁充填体增阻支撑和稳定支撑阶段,选择快速增阻的巷旁充填材料构筑巷旁充填体,快速提高巷旁充填体对充填区域直接顶的垂直约束,进一步抑制直接顶与基本顶的离层,减小直接顶的下沉量。关于合理的巷旁充填体宽度在文献[103]中已进行了系统全面的研究,因此本章沿空留巷充填区域直接顶稳定控制技术主要就工作面液压支架支撑阶段及其之后的控制技术展开研究。

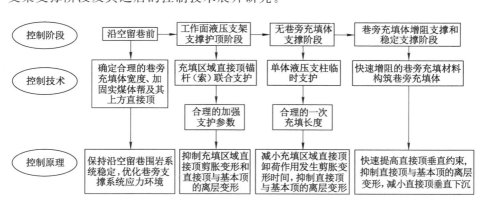

图 5-1 沿空留巷充填区域直接顶稳定控制基本思路

5.2 锚杆支护对充填区域直接顶滑移剪胀变形的抑制作用

5.2.1 锚杆支护对充填区域直接顶剪切滑移带的加固作用

沿空留巷充填区域直接顶岩体受工作面回采支承应力作用形成剪切滑移带,当采用锚杆加强支护充填区域直接顶时,锚杆支护具有明显的"销钉"作用[145],抑制剪切滑移带的滑移剪胀变形,提高剪切滑移带的抗剪强度,如图 5-2 所示[146-147]。

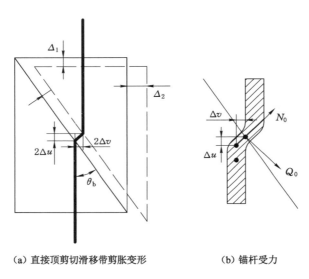

(a) 直接顶剪切滑移带剪胀变形   (b) 锚杆受力

图 5-2 锚杆对直接顶岩体的加固

由图 5-2 可得直接顶岩体剪切滑移带垂直位移 Δ_1、水平位移 Δ_2 与锚杆垂直位移 Δu、水平位移 Δv 有以下几何关系:

$$\begin{cases} \Delta u = \dfrac{1}{2}\left(\Delta_1 \cos \theta_b + \Delta_2 \sin \theta_b\right) \\ \Delta v = \dfrac{1}{2}\left(\Delta_1 \sin \theta_b - \Delta_2 \cos \theta_b\right) \end{cases} \tag{5-1}$$

式中:θ_b 为锚杆与剪切滑移带夹角,(°)。

根据库仑滑移节理模型,直接顶岩体剪切滑移带垂直位移 Δ_1、水平位移 Δ_2 有以下关系[147]:

$$\Delta_2 = \Delta_1 \tan \psi_j \tag{5-2}$$

式中：ψ_j 为直接顶岩体剪胀角，(°)。

根据势能驻值原理，求出满足势能最小的锚杆真实位移场为[148]：

$$\begin{cases} \Delta u = \dfrac{24 N_0 Q_0}{E_b P_b \pi D_b^2} \\[3mm] \Delta v = \dfrac{8\,192 C_b Q_0^4}{E_b p_b^3 \pi^4 D_b^4} \end{cases} \tag{5-3}$$

式中：$C_b = 0.27$；E_b 为锚杆的弹性模量，GPa；D_b 为锚杆直径，mm；N_0、Q_0 分别为锚杆的轴向力和剪切力，N；p_b 为锚杆剪切弯曲时单位长度的反作用力，N/m，可以按照下式计算[148]：

$$p_b = K_b \sigma_{ucs} D_b \tag{5-4}$$

式中：K_b 为反作用力系数，根据文献[149]通常在 $1 \sim 15$ 之间取值，与岩石抗压强度 σ_{ucs} 有关，随着岩石单轴抗压强度的减小而逐渐增大，且单轴抗压强度越小，K_b 增大的幅度越大，详细关系见图 5-3。

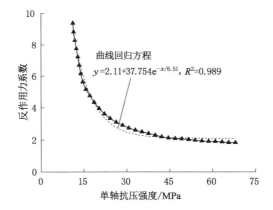

图 5-3 反作用力系数与围岩单轴抗压强度关系

联立式(5-1)～式(5-4)，可得锚杆轴力和剪切力计算式为：

$$\begin{cases} Q_0 = \dfrac{\pi D_b}{8} \sqrt[4]{\dfrac{E_b p_b^3 \Delta_1 (\sin \theta_b - \cos \theta_b \tan \psi_j)}{4 C_b}} \\[4mm] N_0 = \dfrac{D_b (\cos \theta_b + \sin \theta_b \tan \psi_j)}{\sqrt[4]{\dfrac{81 E_b^3 p_b \Delta_1^3 (\sin \theta_b - \cos \theta_b \tan \psi_j)}{4 C_b}}} \end{cases} \tag{5-5}$$

因此，锚杆加强支护后充填区域直接顶剪切滑移带的抗剪强度 τ_i 为：

$$\tau_i = \tau_j + \tau_{bs} + \tau_{bj} \tag{5-6}$$

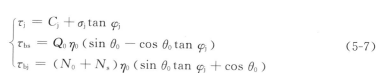

$$\begin{cases} \tau_j = C_j + \sigma_j \tan \varphi_j \\ \tau_{bs} = Q_0 \eta_0 (\sin \theta_0 - \cos \theta_0 \tan \varphi_j) \\ \tau_{bj} = (N_0 + N_s) \eta_0 (\sin \theta_0 \tan \varphi_j + \cos \theta_0) \end{cases} \quad (5\text{-}7)$$

式中：τ_j 为直接顶岩体剪切滑移带自身的抗剪强度，MPa；τ_{bs} 为锚杆剪切力对剪切滑移带提供的抗剪强度，MPa；τ_{bj} 为锚杆轴力对剪切滑移带提供的抗剪强度，MPa；σ_j 为剪切滑移带法向应力，MPa；C_j 为剪切滑移带黏聚力，MPa；φ_j 为剪切滑移带内摩擦角，(°)；N_s 为锚杆预紧力，N；η_0 为锚杆布置密度，根/m²。

考虑到锚杆存在拉剪屈服和弯曲屈服两种屈服形式，当锚杆在剪切滑移带发生拉剪屈服时，满足以下条件：

$$\sqrt{(4N_0/\pi D_b^2)^2 + 3(4Q_0/\pi D_b^2)^2} \geqslant \sigma_{be} \quad (5\text{-}8)$$

式中：σ_{be} 为锚杆屈服应力，MPa。

5.2.2 锚杆支护对充填区域直接顶剪切滑移带的加固作用影响规律分析

根据式(5-7)可知，锚杆加强支护对充填区域直接顶岩体剪切滑移带抗剪强度的增加量(包括锚杆剪切力对剪切滑移带提供的抗剪强度 τ_{bs} 和锚杆轴力对剪切滑移带提供的抗剪强度 τ_{bj})，不仅与充填区域直接顶岩体剪胀角和锚杆与剪切滑移带夹角有关，还与锚杆加强支护参数(锚杆直径、布置密度、预紧力)有关。

5.2.2.1 锚杆直径对剪切滑移带抗剪强度增加量的影响规律

以 BHRB335 型锚杆为例，锚杆屈服应力 $\sigma_{be} = 335$ MPa，锚杆弹性模量 $E_b = 210$ GPa，锚杆布置密度 $\eta_0 = 1.39$ 根/m²，锚杆预紧力 $N_s = 120$ kN，剪切滑移带内摩擦角 $\varphi_j = 26°$，直接顶岩体剪胀角 $\psi_j = 21°$，岩石抗压强度 $\sigma_{ucs} = 59.7$ MPa，锚杆与剪切滑移带夹角 $\theta_0 = 60°$，直接顶下沉量 $\Delta_1 = 0.3$ m，代入式(5-7)可以得到不同锚杆直径下锚杆剪切力对剪切滑移带提供的抗剪强度 τ_{bs} 和锚杆轴力对剪切滑移带提供的抗剪强度 τ_{bj} 锚杆直径对剪切滑移带抗剪强度增加量的影响如图 5-4 所示。

由图 5-4 可知，锚杆直径对剪切滑移带抗剪强度增加量有以下影响规律：随着锚杆直径的增大，锚杆剪切力对剪切滑移带提供的抗剪强度 τ_{bs} 和抗剪强度增量和逐渐增大，而锚杆轴力对剪切滑移带提供的抗剪强度 τ_{bj} 与锚杆直径无关；当锚杆直径从 10 mm 增到 20 mm 时，抗剪强度增量和从 0.206 MPa 增加到 0.332 MPa，增加幅度为 61.2%。

5.2.2.2 充填区域直接顶岩体锚杆布置密度对剪切滑移带抗剪强度增加量的影响规律

以 BHRB335 型锚杆为例，取锚杆直径 $D_b = 20$ mm，锚杆屈服应力 $\sigma_{be} =$

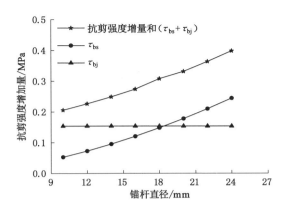

图 5-4　锚杆直径对剪切滑移带抗剪强度增加量的影响

335 MPa,锚杆弹性模量 E_b＝210 GPa,锚杆预紧力 N_s＝120 kN,剪切滑移带内摩擦角 φ_j＝26°,直接顶岩体剪胀角 ψ_j＝21°,岩石抗压强度 σ_{ucs}＝59.7 MPa,锚杆与剪切滑移带夹角 θ_0＝60°,直接顶下沉量 Δ_1＝0.3 m,代入式(5-7)可以得到不同锚杆布置密度下锚杆剪切力对剪切滑移带提供的抗剪强度 τ_{bs} 和锚杆轴力对剪切滑移带提供的抗剪强度 τ_{bj}。锚杆布置密度对剪切滑移带抗剪强度增加量的影响如图 5-5 所示。

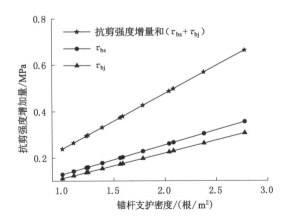

图 5-5　锚杆布置密度对剪切滑移带抗剪强度增加量的影响

由图 5-5 可知,锚杆布置密度对剪切滑移带抗剪强度增加量有以下影响规律:随着锚杆布置密度的增大,锚杆剪切力对剪切滑移带提供的抗剪强度 τ_{bs}、锚杆轴力对剪切滑移带提供的抗剪强度 τ_{bj}、抗剪强度增量和逐渐增大;当锚杆布置密度从 1.25 根/m² 增到 2.381 根/m² 时,抗剪强度增量和从 0.299 MPa 增加到 0.569 MPa,增加幅度为 90.3%。

5.2.2.3 充填区域直接顶岩体锚杆预紧力对剪切滑移带抗剪强度增加量的影响规律

以 BHRB335 型锚杆为例,取锚杆直径 $D_b = 20$ mm,锚杆屈服应力 $\sigma_{be} = 335$ MPa,锚杆弹性模量 $E_b = 210$ GPa,锚杆布置密度 $\eta_0 = 1.39$ 根/m²,剪切滑移带内摩擦角 $\varphi_j = 26°$,直接顶岩体剪胀角 $\psi_j = 21°$,岩石单轴抗压强度 $\sigma_{ucs} = 59.7$ MPa,锚杆与剪切滑移带夹角 $\theta_0 = 60°$,直接顶下沉量 $\Delta_1 = 0.3$ m,代入式(5-7)可以得到不同锚杆预紧力下锚杆剪切力对剪切滑移带提供的抗剪强度 τ_{bs} 和锚杆轴力对剪切滑移带提供的抗剪强度 τ_{bj}。锚杆预紧力对剪切滑移带抗剪强度增加量的影响如图 5-6 所示。

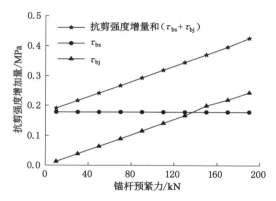

图 5-6 锚杆预紧力对剪切滑移带抗剪强度增加量的影响

由图 5-6 可知,锚杆预紧力对剪切滑移带抗剪强度增加量有以下影响规律:随着锚杆预应力的增大,锚杆轴力对剪切滑移带提供的抗剪强度 τ_{bj}、抗剪强度增量和逐渐增大,而锚杆剪切力对剪切滑移带提供的抗剪强度 τ_{bs} 不变;当锚杆预紧力从 30 kN 增到 120 kN 时,抗剪强度增量和从 0.217 MPa 增加到 0.332 MPa,增加幅度为 53.0%。

5.2.2.4 充填区域直接顶岩体剪胀角对剪切滑移带抗剪强度增加量的影响规律

以 BHRB335 型锚杆为例,取锚杆直径 $D_b = 20$ mm,锚杆屈服应力 $\sigma_{be} = 335$ MPa,锚杆弹性模量 $E_b = 210$ GPa,锚杆预紧力 $N_s = 120$ kN,锚杆布置密度 $\eta_0 = 1.39$ 根/m²,剪切滑移带内摩擦角 $\varphi_j = 26°$,岩石抗压强度 $\sigma_{ucs} = 59.7$ MPa,锚杆与剪切滑移带夹角 $\theta_0 = 60°$,直接顶下沉量 $\Delta_1 = 0.3$ m,代入式(5-7)可以得

到不同直接顶岩体剪胀角下锚杆剪切力对剪切滑移带提供的抗剪强度 τ_{bs} 和锚杆轴力对剪切滑移带提供的抗剪强度 τ_{bj}。直接顶岩体剪胀角对剪切滑移带抗剪强度增加量的影响如图 5-7 所示。

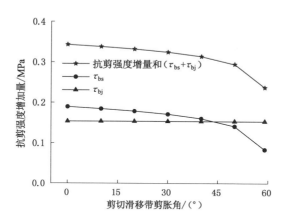

图 5-7　直接顶岩体剪胀角对剪切滑移带抗剪强度增加量的影响

由图 5-7 可知,直接顶岩体剪胀角对剪切滑移带抗剪强度增加量有以下影响规律:随着直接顶岩体剪胀角的减小,锚杆剪切力对剪切滑移带提供的抗剪强度 τ_{bs}、抗剪强度增量和逐渐增大,而锚杆轴力对剪切滑移带提供的抗剪强度 τ_{bj} 不变;当直接顶岩体剪胀角从 50°减小到 10°时,抗剪强度增量和从 0.295 MPa 增加到 0.338 MPa,增加幅度为 14.6%。

5.2.2.5　锚杆与剪切滑移带夹角对剪切滑移带抗剪强度增加量的影响规律

以 BHRB335 型锚杆为例,取锚杆直径 $D_b = 20$ mm,锚杆屈服应力 $\sigma_{be} = 335$ MPa,锚杆弹性模量 $E_b = 210$ GPa,锚杆预紧力 $N_s = 120$ kN,锚杆布置密度 $\eta_0 = 1.39$ 根/m²,剪切滑移带内摩擦角 $\varphi_j = 26°$,岩石抗压强度 $\sigma_{ucs} = 59.7$ MPa,直接顶岩体剪胀角 $\psi_j = 21°$,直接顶下沉量 $\Delta_1 = 0.3$ m,代入式(5-7)可以得到不同锚杆与剪切滑移带夹角下锚杆剪切力对剪切滑移带提供的抗剪强度 τ_{bs} 和锚杆轴力对剪切滑移带提供的抗剪强度 τ_{bj}。锚杆与剪切滑移带夹角对剪切滑移带抗剪强度增加量的影响如图 5-8 所示。

由图 5-8 可知,锚杆与剪切滑移带夹角对剪切滑移带抗剪强度增加量有以下影响规律:随着锚杆与剪切滑移带夹角的增大,锚杆轴力对剪切滑移带提供的抗剪强度 τ_{bj} 逐渐减小,抗剪强度增量和与锚杆剪切力对剪切滑移带提供的抗剪强度 τ_{bs} 先增大后减小;当锚杆与剪切滑移带夹角在 80°～100°之间时,抗剪强度增量和与锚杆剪切力对剪切滑移带提供的抗剪强度 τ_{bs} 达到最大值;当锚杆与剪切滑

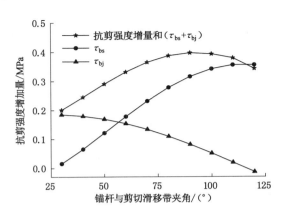

图 5-8　锚杆与剪切滑移带夹角对剪切滑移带抗剪强度增加量的影响

移带夹角从 30°增大到 90°时,抗剪强度增量和从 0.200 MPa 增加到 0.397 MPa,增加幅度为 98.5％。

5.2.3　锚杆支护抑制直接顶剪胀变形的数值分析

采用 FLAC³ᴰ数值计算的方法,研究锚杆支护对顶板剪胀变形的控制效果。为了简化计算,采用平面应变单一岩层模型,模型大小为 67.6 m×2 m×47.6 m(长×厚×高),两侧固定水平位移,底面固定垂直位移,顶部加原岩应力(11 MPa);直接顶分别采用考虑剪胀变形的应变软化模型和恒定剪胀角模型,模型中直接顶岩层参数采用表 2-17 和表 2-18 所列直接顶岩层参数。模型中开挖巷道尺寸为 5.2 m×2.8 m(长×高),顶板布置 7 根锚杆,两帮各布置 4 根锚杆,锚杆间排距为 0.8 m×0.8 m,锚杆采用锚杆单元全长锚固模拟,施加预紧力 100 kN。

图 5-9 为不同剪胀角模型下锚杆轴力与顶板下沉量变化规律。图 5-10 为垂直方向上顶板中部锚杆轴力及顶板中部下沉量规律。

由图 5-9 和图 5-10 可知,不同剪胀模型下锚杆轴力与顶板下沉量有以下变化规律:采用考虑剪胀变形的应变软化模型(剪胀角变化模型)时,直接顶下沉变化量最大值发生在距巷道表面 2.4 m 左右,锚杆轴力最大处距巷道表面 1.44 m,即直接顶下沉量遵循"小→大→小"的趋势,锚杆轴力也遵循同样的变化趋势;采用恒定剪胀角模型时,直接顶下沉变化量最大值发生在距巷道表面 0.8 m 左右,锚杆轴力在锚杆中部(距巷道表面 1.2 m)达到最大值,且剪胀角越大,锚杆轴力就越大。

顶板中部锚杆轴力随着剪胀角的增大而增大,且增加的幅度也随之增加;采用考虑剪胀变形的应变软化模型(剪胀角变化模型)时,锚杆轴力在达到最大值前直接顶岩体内围压小于 1 MPa,高剪胀变形(高剪胀角)分布于该区域(如图 5-11

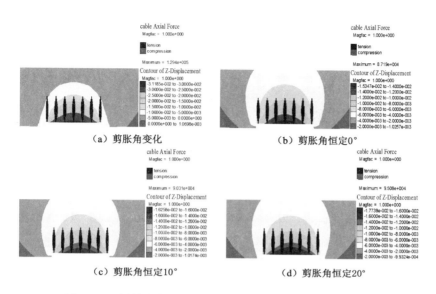

（a）剪胀角变化　　　　　　　　　　　　　（b）剪胀角恒定0°

（c）剪胀角恒定10°　　　　　　　　　　　　（d）剪胀角恒定20°

图 5-9　不同剪胀角模型下锚杆轴力与顶板下沉量变化规律

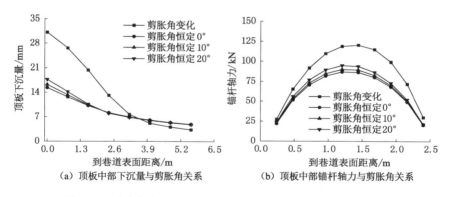

（a）顶板中部下沉量与剪胀角关系　　　　　（b）顶板中部锚杆轴力与剪胀角关系

图 5-10　垂直方向上顶板中部锚杆轴力及顶板中部下沉量规律

所示），顶板下沉变化量逐渐增大，锚杆轴力随之逐渐增大（如图 5-12 所示），超过锚杆轴力最大值后围压增加，直接顶剪胀变形减小（剪胀角减小），顶板下沉量减小；采用恒定剪胀角模型时，锚杆轴力在达到最大值前直接顶岩体内围压小于2 MPa，高剪胀变形（高剪胀角）分布于该区域，顶板下沉变化量逐渐增大，锚杆轴力随之逐渐增大（如图 5-11 所示）；这与锚杆破坏失效主要发生在巷道开挖表面的低围压高剪胀区域保持一致。

恒定剪胀角模型低估了锚杆在巷道开挖表面低围压区域的张拉载荷，锚杆

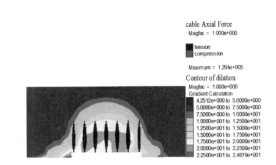

图 5-11　考虑剪胀变形的应变软化模型顶板剪胀角分布规律

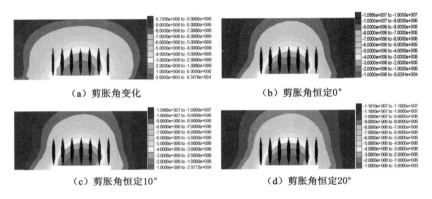

图 5-12　不同剪胀模型下顶板围压变化规律

轴力在低围压区域随着围压的增加而增大，在高围压区域随着围压的增加而减小；锚杆支护改善了巷道开挖表面的围压环境，有效抑制了开挖产生的低围压区域顶板的剪胀变形。

5.3　沿空留巷充填区域直接顶与基本顶的离层变形控制机理

5.3.1　沿空留巷充填区域直接顶与基本顶的离层

根据第 3 章建立的沿空留巷直接顶力学模型，可以把实煤体上方顶板简化为固支悬臂梁，考虑到直接顶和基本顶先后垮落，两者的挠度之差即为直接顶与基本顶的离层变形，如图 5-13 所示。充填区域直接顶与基本顶的离层在巷旁充填体边缘达到最大，下文分析两者离层均以巷旁充填体外边缘离层为基准。

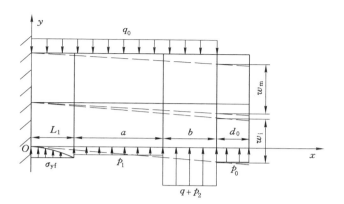

图 5-13　沿空留巷直接顶与基本顶离层力学模型

根据叠加法和沿空留巷顶板岩梁的受力边界,顶板岩梁的挠度为上覆岩层载荷 q_0、实煤体帮支撑载荷 σ_{yf}、巷内顶板支护载荷 p_1、巷旁充填区域支撑载荷 $(q+p_2)$、充填区域外侧临时支护载荷 p_0 五者叠加之和。因此,在上覆岩层载荷 q_0 和基本顶岩层自重 $\gamma_m h_m$ 作用下,巷旁充填体外边缘沿空留巷直接顶挠度为:

$$w_{q_0+\gamma_m h_m} = -\frac{(q_0+\gamma_m h_m)(L_1+a+b)^4}{8EI_i} \tag{5-9}$$

式中:I_i 为直接顶岩梁横截面的惯性矩,$I_i = h_i^3/12$;γ_m 为基本顶岩层容重,kN/m³; h_m 为基本顶岩层厚度,m。

在实煤体帮支撑载荷 σ_{yf} 作用下,巷旁充填体外边缘沿空留巷直接顶挠度为:

$$w_{\sigma_{yf}} = \frac{\sigma'_{yf}L_1^4}{8EI_i} + (a+b)\frac{\sigma'_{yf}L_1^3}{6EI_i} \tag{5-10}$$

式中:根据式(3-2)可知 σ_{yf} 最大值为 p_x/λ,将式(5-10)中的 σ'_{yf} 进行等价均布载荷处理,式(5-10)可改写为:

$$w_{\sigma_{yf}} = \frac{p_x L_1^4}{16\lambda EI_i} + (a+b)\frac{p_x L_1^3}{12\lambda EI_i} \tag{5-11}$$

在巷内顶板支护载荷 p_1 作用下,巷旁充填体外边缘沿空留巷直接顶挠度为:

$$w_{p_1} = \frac{p_1 a^4}{8EI_i} + \frac{p_1 L_1^2(4aL_1+3a^2)}{12EI_i} + \frac{p_1 a^2(L_1^2+aL_1)}{2EI_i} + \frac{p_1 a^3 b}{6EI_i} + \frac{p_1 aL_1(L_1+a)}{2EI_i} \tag{5-12}$$

在巷旁充填区域支撑载荷 $(q+p_2)$ 作用下,巷旁充填体外边缘沿空留巷直接顶挠度为:

$$w_{q+p_2} = \frac{(q+p_2)b^4}{8EI_i} + \frac{(q+p_2)(L_1+a)^2(4bL_1+4ab+3b^2)}{12EI_i} +$$
$$\frac{(q+p_2)b^2(L_1+a)(L_1+a+b)}{2EI_i} \tag{5-13}$$

在充填区域外侧临时支护载荷 p_0 作用下,巷旁充填体外边缘沿空留巷直接顶挠度为:

$$w_{p_0} = \frac{p_0(L_1+a+b)^2(4L_1d_0+4ad_0+4bd_0+3d_0^2)}{12EI_i} - \frac{p_0d_0^4}{24EI_i} \tag{5-14}$$

式中:d_0 为充填区域外侧临时支护宽度,m。

因此,沿空留巷直接顶岩梁在巷旁充填体外边缘的挠度为:

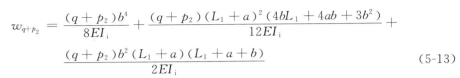

$$w_m = -\frac{q_0(L_1+a+b)^4}{8E_mI_m} + \frac{p_xL_1^4}{16\lambda E_mI_m} + (a+b)\frac{p_xL_1^3}{12\lambda E_mI_m} + \frac{p_1a^4}{8E_mI_m} +$$
$$\frac{p_1L_1^2(4aL_1+3a^2)}{12E_mI_m} + \frac{p_1a^2(L_1^2+aL_1)}{2E_mI_m} + \frac{p_1a^3b}{6E_mI_m} + \frac{p_1aL_1(L_1+a)}{2E_mI_m} +$$
$$\frac{(q+p_2)b^4}{8E_mI_m} + \frac{(q+p_2)(L_1+a)^2(4bL_1+4ab+3b^2)}{12E_mI_m} -$$
$$\frac{p_0d_0^4}{24E_mI_m} + \frac{(q+p_2)b^2(L_1+a)(L_1+a+b)}{2E_mI_m} +$$
$$\frac{p_0(L_1+a+b)^2(4L_1d_0+4ad_0+4bd_0+3d_0^2)}{12E_mI_m} \tag{5-16}$$

式中:E_m 为基本顶的弹性模量,GPa;I_m 为基本顶岩梁横截面的惯性矩,$I_m = h_m^3/12$。

当充填区域提前采用锚索支护将直接顶与基本顶锚固在一起时,基本顶岩梁的等价弹性模量为 $(Eh_i+E_mh_m)/(h_i+h_m)$,等价惯性矩 I_m 为 $(h_i+h_m)^3/12$,因此,沿空留巷基本顶岩梁在巷旁充填体外边缘的挠度计算式可以改写为:

$$w_{\mathrm{m}} = -\frac{3q_0 (L_1 + a + b)^4}{2(Eh_{\mathrm{i}} + E_{\mathrm{m}}h_{\mathrm{m}})(h_{\mathrm{i}} + h_{\mathrm{m}})^2} + \frac{3p_{\mathrm{x}}L_1^4}{4\lambda(Eh_{\mathrm{i}} + E_{\mathrm{m}}h_{\mathrm{m}})(h_{\mathrm{i}} + h_{\mathrm{m}})^2} +$$

$$\frac{p_{\mathrm{x}}L_1^3 (a + b)}{\lambda(Eh_{\mathrm{i}} + E_{\mathrm{m}}h_{\mathrm{m}})(h_{\mathrm{i}} + h_{\mathrm{m}})^2} + \frac{3p_1 a^4}{2(Eh_{\mathrm{i}} + E_{\mathrm{m}}h_{\mathrm{m}})(h_{\mathrm{i}} + h_{\mathrm{m}})^2} +$$

$$\frac{p_1 L_1^2 (4aL_1 + 3a^2)}{(Eh_{\mathrm{i}} + E_{\mathrm{m}}h_{\mathrm{m}})(h_{\mathrm{i}} + h_{\mathrm{m}})^2} + \frac{6p_1 a^2 (L_1^2 + aL_1)}{(Eh_{\mathrm{i}} + E_{\mathrm{m}}h_{\mathrm{m}})(h_{\mathrm{i}} + h_{\mathrm{m}})^2} +$$

$$\frac{2p_1 a^3 b}{(Eh_{\mathrm{i}} + E_{\mathrm{m}}h_{\mathrm{m}})(h_{\mathrm{i}} + h_{\mathrm{m}})^2} + \frac{12p_1 aL_1 (L_1 + a)}{2(Eh_{\mathrm{i}} + E_{\mathrm{m}}h_{\mathrm{m}})(h_{\mathrm{i}} + h_{\mathrm{m}})^2} +$$

$$\frac{3(q + p_2)b^4}{2(Eh_{\mathrm{i}} + E_{\mathrm{m}}h_{\mathrm{m}})(h_{\mathrm{i}} + h_{\mathrm{m}})^2} + \frac{(q + p_2)(L_1 + a)^2 (4bL_1 + 4ab + 3b^2)}{(Eh_{\mathrm{i}} + E_{\mathrm{m}}h_{\mathrm{m}})(h_{\mathrm{i}} + h_{\mathrm{m}})^2} +$$

$$\frac{6(q + p_2)b^2 (L_1 + a)(L_1 + a + b)}{(Eh_{\mathrm{i}} + E_{\mathrm{m}}h_{\mathrm{m}})(h_{\mathrm{i}} + h_{\mathrm{m}})^2} - \frac{p_0 d_0^4}{2(Eh_{\mathrm{i}} + E_{\mathrm{m}}h_{\mathrm{m}})(h_{\mathrm{i}} + h_{\mathrm{m}})^2} +$$

$$\frac{p_0 (L_1 + a + b)^2 (4L_1 d_0 + 4ad_0 + 4bd_0 + 3d_0^2)}{(Eh_{\mathrm{i}} + E_{\mathrm{m}}h_{\mathrm{m}})(h_{\mathrm{i}} + h_{\mathrm{m}})^2}$$

$$(5\text{-}17)$$

因此,在巷旁充填体外边缘的沿空留巷直接顶与基本顶的离层 Δ_{im} 为:

$$\Delta_{\mathrm{im}} = w_{\mathrm{i}} - w_{\mathrm{m}} \tag{5-18}$$

5.3.2 沿空留巷充填区域直接顶与基本顶的离层影响因素及影响规律

由上述计算式可知,充填区域顶板离层大小不仅与充填区域的支护强度、充填区域外侧支护强度、实煤体帮支护强度、巷内支护强度等支护因素有关,而且与沿空留巷宽度、充填区域宽度、充填区域外侧临时支护宽度有关。

根据前述新元煤矿 3107 工作面沿空留巷生产地质条件,水平侧压力系数 λ 为 1.2,直接顶为 7.1 m 厚的砂质泥岩,基本顶为 5.4 m 厚的中砂岩,$L_1 = 12.75$ m,直接顶弹性模量 E 为 4.96 GPa,基本顶弹性模量 E_{m} 为 26.2 GPa,根据表 2-13 可以判定上覆软弱岩层厚度可以取为 13.4 m(4.5 m+8.0 m+1.9 m),当上覆岩层平均容重为 2.5×10^4 N/m³ 时,上覆岩层载荷 q_0 为 0.335 MPa,q 为充填区域支护强度(不含充填区域锚索加强支护)。

5.3.2.1 充填区域支护强度对充填区域顶板离层的影响

取巷内顶板支护强度 p_1 为 0.2 MPa,实煤体帮支护强度 p_{x} 为 0.1 MPa,p_2 为充填区域采用锚索加强支护强度(可以取为 0.2 MPa),充填区域外侧临时支护宽度 d_0 取 1.5 m,充填区域外侧临时支护强度取 0.6 MPa。将以上结果代入式(5-15)～式(5-18)可以得到充填区域支护强度对充填区域顶板离层量的影响,如图 5-14 所示。

由图 5-14 可知,充填区域顶板支护强度对充填区域顶板离层量有以下影响

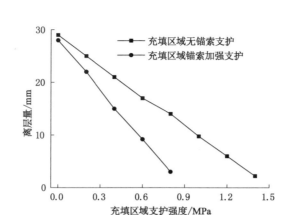

图 5-14　充填区域支护强度对充填区域顶板离层量的影响

规律:随着充填区域支护强度的增大,充填区域直接顶和基本顶的离层量呈线性减小;当充填区域未采用锚索将直接顶和基本顶锚固在一起,充填区域支护强度达到 1.52 MPa 时,充填区域直接顶与基本顶间的离层将会消失;当充填区域提前采用锚索将直接顶和基本顶锚固在一起,充填区域支护强度达到 0.9 MPa 时,充填区域直接顶与基本顶间的离层将会消失;当充填区域采用锚索加固,充填区域顶板支护强度较小时,就可以控制充填区域直接顶与基本顶间的离层量。

5.3.2.2　充填区域外侧临时支护强度对充填区域顶板离层的影响

取巷内顶板支护强度 p_1 为 0.2 MPa,实煤体帮支护强度 p_x 为 0.1 MPa,充填区域采用锚索提前加固顶板(支护强度为 0.2 MPa),充填区域外侧临时支护宽度 d_0 取 1.5 m。将以上结果代入式(5-15)～式(5-18)可以得到充填区域外侧临时支护强度对充填区域顶板离层量的影响如图 5-15 所示。

由图 5-15 可知,充填区域外侧临时支护强度对充填区域顶板离层量有以下影响规律:随着充填区域外侧临时支护强度的增加,充填区域直接顶和基本顶的离层量呈线性减小;若充填区域提前采用锚索将直接顶和基本顶锚固为整体,当充填区域支护强度分别为 0.1 MPa、0.5 MPa 和 1.0 MPa,对应充填区域外侧临时支护强度达到 1.54 MPa、1.07 MPa 和 0.48 MPa 时,充填区域直接顶与基本顶间的离层将会消失;充填区域支护强度越大,消除顶板离层所需的充填区域外侧临时支护强度越小。

5.3.2.3　巷内支护强度对充填区域顶板离层的影响

取实煤体帮支护强度 p_x 为 0.1 MPa,充填区域采用锚索提前加固顶板(支护强度为 0.2 MPa),充填区域外侧临时支护宽度 d_0 取 1.5m,充填区域外侧支

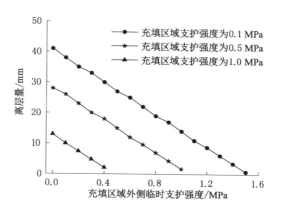

图 5-15　充填区域外侧临时支护强度对顶板离层量的影响

护强度取 0.6 MPa。将以上结果代入式(5-15)～式(5-18)可以得到巷内支护强度对充填区域顶板离层量的影响,如图 5-16 所示。

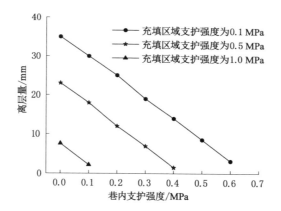

图 5-16　巷内支护强度对顶板离层量的影响

由图 5-16 可知,巷内支护强度对充填区域顶板离层量有以下影响规律:随着巷内支护强度的增加,充填区域直接顶和基本顶的离层量呈线性减小;若充填区域提前采用锚索将直接顶和基本顶锚固为整体,当充填区域支护强度分别为 0.1 MPa、0.5 MPa 和 1 MPa,对应巷内支护强度达到 0.67 MPa、0.43 MPa 和 0.15 MPa 时,充填区域直接顶与基本顶间的离层将会消失;充填区域支护强度越大,消除顶板离层所需的巷内支护强度越小。

5.3.2.4　实煤体帮强度对充填区域顶板离层的影响

取巷内支护强度为 0.2 MPa,充填区域采用锚索提前加固顶板(支护强度为

0.2 MPa),充填区域外侧临时支护宽度 d_0 取 1.5 m,充填区域外侧支护强度取 0.6 MPa。将以上结果代入式(5-15)～式(5-18)可以得到实煤体帮支护强度对充填区域直接顶与基本顶离层的影响,如图 5-17 所示。

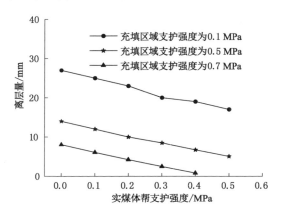

图 5-17　实煤体帮支护强度对顶板离层量的影响

由图 5-17 可知,实煤体帮支护强度对充填区域顶板离层量有以下影响规律:随着实煤体帮支护强度的增大,充填区域直接顶和基本顶的离层量呈线性减小;若充填区域提前采用锚索将直接顶和基本顶锚固为整体,当充填区域支护强度分别为 0.1 MPa、0.5 MPa 和 1 MPa 时,对应实煤体帮支护强度达到 1.8 MPa、0.9 MPa 和 0.15 MPa 时,充填区域直接顶与基本顶间的离层将会消失;充填区域支护强度越大,消除顶板离层所需的实煤体帮强度越小。

5.3.2.5　充填区域宽度对充填区域顶板离层的影响

取实煤体帮支护强度为 0.1 MPa,巷内支护强度为 0.2 MPa,充填区域采用锚索提前加固顶板(支护强度为 0.2 MPa),充填区域外侧临时支护宽度 d_0 取 1.5 m,充填区域外侧支护强度取 0.6 MPa。将以上结果代入式(5-15)～式(5-18)可以得到充填区域宽度对充填区域顶板离层量的影响,如图 5-18 所示。

由图 5-18 可知,充填区域宽度对充填区域顶板离层量有以下影响规律:当充填区域支护强度大于 0.37 MPa 时,随着充填区域宽度的增加,充填区域直接顶和基本顶的离层量呈线性减小;当充填区域支护强度小于 0.37 MPa 时,随着充填区域宽度的增加,充填区域直接顶和基本顶的离层量呈线性增大;若充填区域提前采用锚索将直接顶和基本顶锚固为整体,当充填区域支护强度分别为 0.5 MPa 和 1.0 MPa,对应充填区域宽度达到 4.7 m 和 1.8 m 时,充填区域直接顶与基本顶间的离层将会消失;充填区域支护强度越大,消除顶板离层所需的充填区域宽度越小。

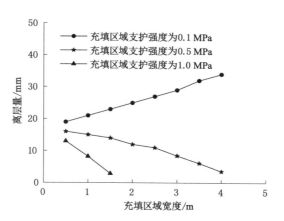

图 5-18　充填区域宽度对顶板离层量的影响

5.3.2.6　充填区域外侧临时支护宽度对充填区域顶板离层的影响

取实煤体帮支护强度为 0.1 MPa,巷内支护强度为 0.2 MPa,充填区域宽度为 2.0 m,充填区域采用锚索提前加固顶板(支护强度为 0.2 MPa),充填区域外侧支护强度取 0.6 MPa。将以上结果代入式(5-15)~式(5-18)可以得到充填区域外侧临时支护宽度对充填区域顶板离层量的影响,如图 5-19 所示。

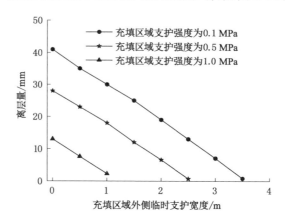

图 5-19　充填区域外侧临时支护宽度对顶板离层量的影响

由图 5-19 可知,充填区域外侧临时支护宽度对充填区域顶板离层量有以下影响规律:随着充填区域外侧临时支护宽度的增加,充填区域直接顶和基本顶的离层量呈线性减小;若充填区域提前采用锚索将直接顶和基本顶锚固为整体,当充填区域支护强度分别为 0.1 MPa、0.5 MPa 和 1.0 MPa,对应充填区域宽度达到 3.6 m、2.6 m 和 1.3 m 时,充填区域直接顶与基本顶间的离层将会消失;充填区域支护强度越大,消除顶板离层所需的充填区域临时支护宽度越小。

5.3.2.7 沿空留巷宽度对充填区域顶板离层的影响

取实煤体帮支护强度为 0.1 MPa,巷内支护强度为 0.2 MPa,充填区域宽度为 2.0 m,充填区域采用锚索提前加固顶板(支护强度为 0.2 MPa),充填区域外侧临时支护宽度 d_0 取 1.5 m,充填区域外侧支护强度取 0.6 MPa。将以上结果代入式(5-15)~式(5-18)可以得到沿空留巷宽度对充填区域顶板离层量的影响,如图 5-20 所示。

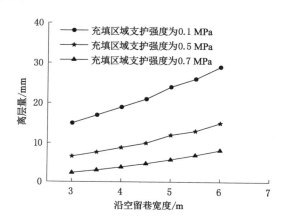

图 5-20 沿空留巷宽度对顶板离层量的影响

由图 5-20 可知,沿空留巷宽度对充填区域顶板离层量有以下影响规律:随着沿空留巷宽度的增加,充填区域直接顶和基本顶的离层量逐渐增大,且随着沿空留巷宽度增加离层量增大幅度越来越大;充填区域支护强度越大,充填区域顶板离层量越大。

5.4 沿空留巷充填区域直接顶稳定控制技术

对于沿空留巷充填区域直接顶,不仅要注意控制直接顶岩体早期的剪胀变形,而且要注意控制该区域直接顶与基本顶的离层,并且将两者变形的控制有机结合起来。因此,结合充填区域直接顶剪胀变形控制机理、充填区域直接顶与基本顶离层变形控制机理,提出了沿空留巷充填区域直接顶的分区域动态加固稳定控制技术,主要包括以下几种:

(1)在工作面采动影响区域以外,提前采用锚杆锚索支护提高实煤体帮支护强度,可以有效降低沿空留巷期间充填区域直接顶与基本顶的离层变形。

（2）在工作面液压支架支撑阶段,提前采用高预应力锚索支护技术将充填区域直接顶和基本顶锚固为整体,提高充填区域直接顶和基本顶的层间结合力;工作面液压支架带压移架,为充填区域直接顶补充相应的支护强度,抑制直接顶与基本顶的离层变形;提前采用高预应力高强度高延伸率锚杆支护技术加固充填区域直接顶,并采用高刚度托盘、金属网和钢筋梯子梁或钢带,扩散和匀化锚杆高预应力加固范围,控制充填区域直接顶岩体的剪胀变形。

（3）在无巷旁充填体支护（临时支护）阶段,充填区域采用高阻力单体液压支撑补充充填区域直接顶支护强度,确定合适的充填区域宽度,抑制直接顶与基本顶的离层变形;在充填区域外侧临时支护区域,采用充填液压支架适当提高对顶板的支护强度和临时支护宽度（一般不超过 3 m,两架充填支架宽度）,抑制直接顶与基本顶的离层变形;确定合理的一次充填区长度,尽量缩短充填区域直接顶在较低支护强度下发生卸荷剪胀变形的时间,尽快恢复直接顶岩体的三向受力状态。

（4）在巷旁充填体增阻支撑阶段和稳定支撑阶段,采用增阻速度快的巷旁充填材料及时支撑充填区域直接顶,提供垂直方向上的支撑载荷,抑制直接顶和基本顶离层。

5.5 本章小结

（1）采用理论计算的方法,建立了锚杆支护控制岩体滑移剪胀变形力学模型,得到了锚杆支护对岩体剪切滑移带抗剪强度增量计算式,结果表明:锚杆剪切力对剪切滑移带提供的抗剪强度 τ_{bs} 与锚杆的直径、锚杆布置密度正相关,与直接顶剪胀角负相关、与锚杆预紧力无关;锚杆轴力对剪切滑移带提供的抗剪强度 τ_{bj} 与锚杆布置密度、锚杆预紧力正相关,与锚杆直径、直接顶剪胀角无关;随着锚杆与剪切滑移带夹角的增大,锚杆轴力对剪切滑移带提供的抗剪强度 τ_{bj} 逐渐减小,抗剪强度增量和与锚杆剪切力对剪切滑移带提供的抗剪强度 τ_{bs} 先增大后减小;当锚杆与剪切滑移带夹角在 $80°\sim100°$ 之间时,抗剪强度增量和与锚杆剪切力对剪切滑移带提供的抗剪强度 τ_{bs} 达到最大值。

（2）锚杆支护对顶板剪胀变形的控制效果数值分析表明:锚杆轴力在低围压区域随着围压的增大而增大,在高围压区域随着围压的增大而减小;锚杆支护改善了巷道开挖表面的围压环境,有效抑制了开挖产生的低围压区域顶板的剪胀变形。

（3）根据悬臂梁挠度叠加原理,分别得到了充填区域是否采用锚索加固的充填区域直接顶与基本顶离层量计算式,结果表明:充填区域直接顶和基本顶的离层量与充填区域支护强度、充填区域外侧临时支护强度、巷内支护强度、实煤体帮支护强度、充填区域外侧临时支护宽度呈负相关,与沿空留巷宽度呈正相关;当充填区域提前采用锚索将直接顶和基本顶锚固在一起时,充填区域直接顶与基本顶间的离层消失所需的各项支护强度较未采用锚索支护低。

(4) 当充填区域支护强度大于 0.37 MPa 时,随着充填区域宽度的增加,充填区域直接顶和基本顶的离层量呈线性减小;当充填区域支护强度小于 0.37 MPa 时,随着充填区域宽度的增加,充填区域直接顶和基本顶的离层量呈线性增大;若充填区域提前采用锚索将直接顶和基本顶锚固为整体,当充填区域支护强度分别为 0.5 MPa 和 1.0 MPa,对应充填区域宽度达到 4.7 m 和 1.8 m 时,充填区域直接顶与基本顶间的离层将会消失。

(5) 针对沿空留巷充填区域直接顶的剪胀变形和直接顶与基本顶的离层变形,提出了分区域动态加固稳定控制技术:工作面超前采动影响区域以外提前采用锚杆锚索支护提高实煤体帮支护强度;工作面液压支架支撑阶段,提前采用高预应力锚索支护技术将充填区域直接顶和基本顶锚固为整体,液压支架带压移架,提前采用高预应力高强度高延伸率锚杆支护技术加固充填区域直接顶;无巷旁充填体支护(临时支护)阶段,在充填区域采用高阻力单体液压支柱补充充填区域直接顶支护强度,确定合适的充填区域宽度,在充填区域外侧临时支护区域采用充填液压支架适当提高对顶板的支护强度和临时支护宽度;巷旁充填体增阻支撑阶段和稳定支撑阶段,采用增阻速度快的巷旁充填材料及时支撑充填区域直接顶,提供垂直方向上的支撑载荷。

6　工　程　实　践

　　根据前述沿空留巷充填区域直接顶稳定机理及控制技术的研究成果,对新元矿 3107 辅助进风巷进行了工业性试验,验证研究成果的合理性及可靠性。

6.1　试验巷道生产地质条件

　　试验巷道位于山西阳煤集团新元煤矿 3107 工作面,埋深为 500 m,工作面所采煤层为 3# 煤层,煤层赋存稳定,倾角平均为 4°,厚度平均为 2.8 m,一般含 1～2 层泥质夹矸,夹矸厚度平均为 0.03 m,工作面采用倾斜长壁后退式综合机械化采煤法,循环进度为 0.8 m,工作面倾斜长度为 240 m,走向长度为 1 592 m。3107 工作面西部为回采结束的 3106 工作面,东部为未采的 3108 工作面,北部为东胶带大巷、东辅运大巷、东回风大巷,南部为未采实煤体。试验巷道布置如图 6-1 所示。

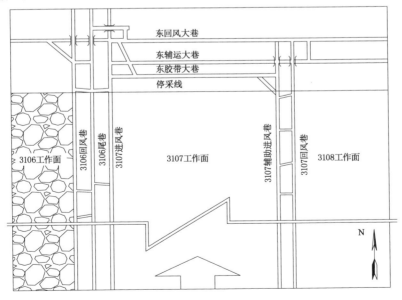

图 6-1　试验巷道布置平面图

3107 辅助进风巷断面尺寸(宽×高)为 4.8 m×3.0 m,沿 3$^{\#}$ 煤层顶板掘进,直接顶为灰黑色砂质泥岩,平均厚度为 7.1 m;基本顶为灰色中砂岩,平均厚度为 5.4 m;直接底为灰褐色泥岩,平均厚度为 1.5 m;基本底为砂质泥岩,平均厚度为 2.1 m。具体顶底板岩性见表 2-13。

6.2　3107 辅助进风巷沿空留巷围岩控制技术

3107 辅助进风巷沿空留巷围岩控制技术主要包括 3107 辅助进风巷巷内基本支护、沿空留巷期间巷内加强支护、沿空留巷期间巷旁充填体设计和沿空留巷期间充填区域直接顶稳定控制技术。考虑到沿空留巷围岩变形和后期使用需求,3107 辅助进风巷沿空留巷断面设计尺寸(宽×高)为 5.2 m×3.0 m,即巷旁充填体向采空区侧外移 0.4 m。

6.2.1　3107 辅助进风巷巷内基本支护

3107 辅助进风巷两帮和顶板采用锚杆、锚索联合支护参数如下。

(1)顶板支护参数:顶板锚杆采用 φ20 mm×L2 400 mm 的 BHRB335 型左旋无纵肋螺纹钢锚杆,每排 7 根锚杆,顶板中部 5 根锚杆间距为 800 mm,两侧锚杆距边缘 150 mm,锚杆排距为 800 mm;锚索采用 φ17.8 mm×L8 300 mm 屈服强度为 1 860 MPa 的 1×7 预应力钢绞线,每排 2 根锚索,锚索间排距为 1 600 mm×800 mm;锚杆与锚索同排布置,同时采用 W 型钢带连接;每根锚杆采用 1 支规格为 φ23 mm×800 mm 超快速树脂药卷,锚索采用 1 支规格为 φ23 mm×1 200 mm 双速树脂药卷;顶板同时铺设 10$^{\#}$ 铁丝加工的规格为 5 000 mm×800 mm 的菱形金属网。

(2)两帮支护参数:两帮锚杆采用 φ20 mm×L2 400 mm 的 BHRB335 型左旋无纵肋螺纹钢锚杆,每排 2 根锚杆,锚杆间排距为 1 600 mm×800 mm,每根锚杆采用 1 支规格为 φ23 mm×800 mm 超快速树脂药卷,两帮同时铺设 10$^{\#}$ 铁丝加工的规格为 φ3 200 mm×800 mm 的菱形金属网。

6.2.2　3107 辅助进风巷沿空留巷期间巷内加强支护

3107 辅助进风巷沿空留巷期间巷内加强支护参数如下。

(1)巷内顶板补强支护:超前工作面 200 m,顶板每排采用 3 根锚索,锚索为 φ21.6 mm×L8 300 mm 屈服强度为 1 860 MPa 的 1×7 预应力钢绞线,补强锚索间排距为 1 750 mm×1 600 mm,每两排锚杆之间补打一排锚索,近实煤体侧顶板补强锚索距煤帮 1 100 mm,近巷旁充填侧顶板补强锚索距巷旁充填体 200 mm;

每根锚索采用 1 支 CK2350 型和 2 支 Z2350 型树脂药卷加长锚固,锚索预紧力为 200 kN。

(2)实煤体帮补强支护:超前工作面 200 m,在原每排锚杆距底板 300 mm 处向底板倾斜 15°补打一根 $\phi20$ mm×$L2$ 400 mm 的 BHRB335 型左旋无纵肋螺纹钢锚杆;每两排锚杆补打一排 $\phi21.6$ mm×$L4$ 300 mm 锚索,靠近顶板补强锚索向上倾斜 10°,距顶板 800 mm,靠近底板补强锚索垂直打设,距底板 800 mm;每根锚杆采用 1 支 CK2350 型和 1 支 Z2350 型树脂药卷加长锚固,锚索采用 1 支 CK2350 型和 2 支 Z2350 型树脂药卷加长锚固;锚杆预紧力为 80 kN,锚索预紧力为 200 kN。3107 辅助进风巷沿空留巷期间巷内加强支护如图 6-2 所示。

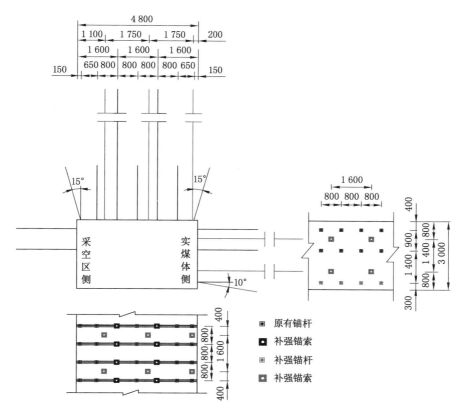

图 6-2 3107 辅助进风巷沿空留巷期间巷内加强支护(单位:mm)

(3)巷内临时加强支护:在工作面后方 100 m 范围内采用单体液压支柱配Ⅱ型梁临时加强支护,架设 3 排间距为 1 500 mm 的单体液压支柱,具体布置如图 6-3 所示。

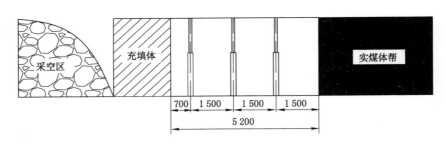

图 6-3 3107 辅助进风巷沿空留巷期间巷内单体液压支柱临时支护(单位:mm)

6.2.3 3107 辅助进风巷沿空留巷期间巷旁充填体设计

3107 辅助进风巷沿空留巷巷旁充填体采用水灰比 1.5：1 的高水材料构筑而成,巷旁充填体宽度为 2.0 m,高度为采高(2.8 m),考虑到每个回采循环割煤 0.8 m,一次充填长度控制在 3.2～4.0 m,即每割 4～5 刀煤充填一次。

为了增加充填体的承载能力和抗横向变形能力,在充填体内布置对拉锚杆,加固充填体,对拉锚杆间排距为 750 mm×800 mm,最下面 1 根距底板 300 mm,最上面 1 根距顶板 450 mm,对拉锚杆采用 $\phi22$ mm 的螺纹钢材料制作,采用 $\phi14$ mm 圆钢焊制的钢筋梯子梁,托盘规格为 120 mm×120 mm×10 mm。钢筋网要求使用直径为 6.5 mm 的钢筋,采用 12$^{\#}$ 铁丝双股联网,钢筋网搭接部分不小于 100 mm。

6.2.4 3107 辅助进风巷沿空留巷期间充填区域直接顶稳定控制技术

依据沿空留巷充填区域反复受载直接顶关键部位加强支护、锚杆锚索协同支护技术,3107 辅助进风巷沿空留巷期间充填区域直接顶加固支护如图 6-4 所示。

每割 1 刀煤,在充填区域顶板补打 1 排 $\phi20$ mm×$L2$ 400 mm 的 BHRB335 型左旋无纵肋螺纹钢锚杆,锚杆间排距为 800 mm×800 mm,每 2 排锚杆之间打 2 根 $\phi21.6$ mm×$L8$ 300 mm 锚索,锚索距巷中距离为 3 500 mm、4 700 mm,托盘为 300 mm×300 mm×16 mm 的锚索专用托盘,每排最外边的锚杆分别向采空区侧倾斜 15°,其余锚杆均垂直顶板施工,铺设塑料网,钢筋梯子梁为 $\phi14$ mm 的圆钢加工。施工时,锚杆锚索外露长度尽可能小,锚杆不超过 50 mm,锚索不超过 250 mm。

为了减小充填区域直接顶与基本顶的离层量,提高充填区域直接顶的完整性,在待充填区域外侧布置 ZZC8300/22/35 型四柱支撑掩护式挡矸支架两架,支架宽度为 1.5 m,顶梁长 5 326 mm,尾梁长 1 389 mm,控顶距为 577～1 077 mm。

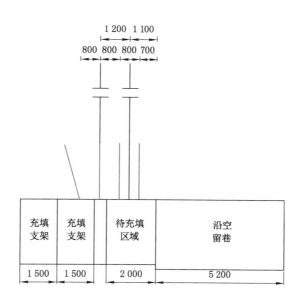

图 6-4　充填区域直接顶加固支护(单位:mm)

6.3　充填区域直接顶稳定控制效果分析

为了验证研究 3107 辅助进风巷沿空留巷充填区域反复受载直接顶稳定控制技术的合理性及可靠性,对沿空留巷围岩变形、顶板深基点位移、顶板补强锚索轴力、巷旁充填体载荷进行了监测,监测结果如图 6-5～图 6-8 所示,沿空留巷平均速度为 4.8 m/d。

6.3.1　沿空留巷围岩变形

图 6-5 为 3107 辅助进风巷表面位移监测曲线。3107 辅助进风巷留巷之后,巷道围岩变形迅速增大;顶板下沉在沿空留巷 150 m 后趋于稳定,最终下沉量约为 277 mm,顶板平均下沉速度为 7.3 mm/d;实煤体帮在沿空留巷 170 m 后趋于稳定,最终移近量约为 541 mm,实煤体帮平均移近速度为 14.26 mm/d;充填体帮移近量基本呈线性增加,在沿空留巷 150 m 后趋于稳定,最终移近量约为 114 mm,充填体帮平均移近速度为 3 mm/d,明显小于实煤体帮移近量及移近速度,这是由实煤体帮和巷旁充填体不均衡承载作用导致的;底鼓在 3107 工作面后方 150 m 范围内增加速度较快,该阶段内底鼓量达到 478 mm,其后底板呈现软岩特性,有蠕变发生,最终底鼓量达到 984 mm。

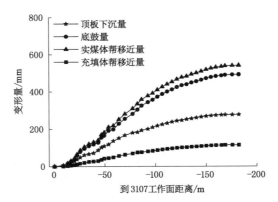

图 6-5 3107 辅助进风巷沿空留巷围岩变形规律

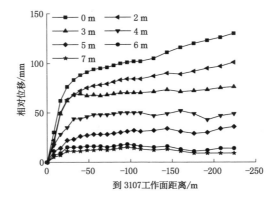

图 6-6 巷内顶板深基点位移变化规律

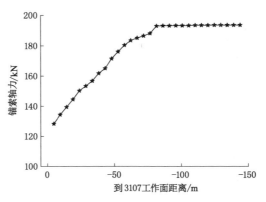

图 6-7 巷内顶板补强锚索轴力变化规律

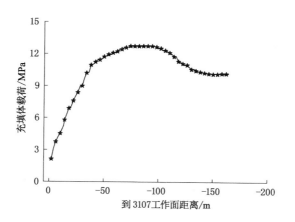

图 6-8　巷旁充填体载荷变化规律

6.3.2　巷内顶板深基点位移

图 6-6 为 3107 辅助进风巷巷内顶板深基点位移监测曲线,其中各基点位移均为相对于顶板深部 8 m 处(基本顶/锚索锚固区)的相对位移。在沿空留巷顶板 0～2 m 的锚杆锚固区范围内,顶板最大的相对位移为 29 mm,锚杆锚固区范围最大位移远小于顶板锚杆的容许变形量;顶板 2～3 m 范围内相对位移变化较大,即该范围内顶板运动剧烈,最大相对位移为 25 mm;顶板深部 7～8 m 范围内相对位移最大不超过 15 mm,即直接顶与基本顶离层量在沿空留巷期间最大不超过 15 mm,在滞后 3107 工作面 200 m 时直接顶与基本顶离层量约为 9 mm,锚索较好地控制了巷内直接顶与基本顶离层变形;顶板深部 2 m 处基点相对 8 m 处基点位移最大为 101 mm,尚未超过锚索极限变形量。

6.3.3　顶板补强锚索轴力

3107 辅助进风巷巷内补强锚索轴力监测曲线如图 6-7 所示。顶板补强锚索轴力在滞后 3107 工作面 90 m 左右处趋于稳定,锚索轴力稳定在 193.5 kN;顶锚索直径为 21.6 mm,破断载荷为 513 kN,对比实测矿压数据和锚索材料破断载荷,可知锚索远没有到达破断载荷,锚索承载空间较大。

6.3.4　直接顶与充填体之间载荷

直接顶与巷旁充填体之间的载荷监测曲线如图 6-8 所示。充填体承受载荷在工作面后方呈现先增大后减小的趋势,在工作面后方 90 m 左右达到最大值

12.75 MPa,在工作面后方 150 m 左右稳定在 10.2 MPa。结合高水材料单轴压缩试验结果,可知巷旁充填体采用对拉锚杆、钢筋网、梯子梁加强支护后承载能力明显增大。

综上所述,3107 辅助进风巷沿空留巷顶底板移近量为 1 261 mm,两帮移近量为 655 mm,巷内直接顶和基本顶的离层为 9 mm,在锚索的极限变形内,锚索还有很大承载空间,3107 辅助进风巷充填区域直接顶的分阶段稳定控制技术有效控制了直接顶的变形和离层。3107 辅助进风巷充填区域巷旁充填体构筑期间直接顶支护如图 6-9(a)所示,沿空留巷充填体效果如图 6-9(b)所示。

（a）充填区域直接顶支护 　　　　　　（b）沿空留巷充填体效果

图 6-9　沿空留巷支护及效果图

6.4　本章小结

（1）基于沿空留巷充填区域直接顶分区域动态加固稳定控制技术,研究确定了 3107 辅助进风巷充填区域直接顶加固技术参数:超前工作面200 m,原每排锚杆在距底板 300 mm 处向底板倾斜 15°补打一根 $\phi20$ mm×$L2$ 400 mm 的 BHRB335 型左旋无纵肋螺纹钢锚杆,每两排锚杆补打一排 $\phi21.6$ mm×$L4$ 300 mm 锚索,距顶板 800 mm 向上倾斜 10°打设一根锚索,距底板 800 mm 垂直打设一根锚索,顶板每排补强 3 根 $\phi21.6$ mm×$L8$ 300 mm 的锚索,顶板补强锚索间排距为 1 750 mm×1 600 mm,每根锚杆采用 1 支 CK2350 型和 1 支 Z2350 型树脂药卷加长锚固,每根锚索采用 1 支 CK2350 型和 2 支 Z2350 型树脂药卷加长锚固,锚杆预紧力为 80 kN,锚索预紧力为 200 kN;在工作面后方 100 m 范围内采用单体液压支柱配Ⅱ型梁临时加强支护,架设 3 排间距为 1500 mm 的单体液压支柱;在工作面液压支架支撑阶段液压支架带压移架,每割 1 刀煤在充填区域顶板补打 1 排 $\phi20$ mm×$L2$ 400 mm 的 BHRB335 型左旋无纵肋螺纹钢锚杆,锚杆间排距为 800 mm×800 mm,每 2 排锚杆之间打 2 根 $\phi21.6$ mm×$L8$ 300 mm 锚索,锚索距巷中距离为 3 500 mm、4 700 mm,同时铺设塑料网,锚杆采用 ϕ14 mm 圆钢加工的钢筋梯子梁联结起来;在待充填区域外侧布置两架中心距为 1.5 m 的 ZZC8300/22/35 型四柱支撑掩护式挡矸支架,巷旁充填体采用水灰比为 1.5∶1 的高水材料构筑,宽度为 2.0 m,一次充填长度控制在 3.2~4.0 m(4~5 个采煤循环)。

(2) 3107 辅助进风巷在沿空留巷期间采用了充填区域直接顶分区域动态加固稳定控制技术,沿空留巷顶板下沉量为 277 mm,实煤体帮移近量为 541 mm,充填体帮移近量为 114 mm,底鼓量达到 984 mm,巷内直接顶与基本顶的离层最终稳定在 9 mm 左右,锚杆锚索仍有较大的变形承载能力;巷旁充填体载荷在工作面后方 90 m 左右达到最大值 12.75 MPa,在工作面后方 150 m 左右稳定在 10.2 MPa,沿空留巷围岩稳定性较好,充填区域直接顶得到有效控制。

7　主　要　结　论

本书以沿空留巷充填区域直接顶为研究对象,结合山西阳煤集团新元煤矿3107辅助进风巷高水材料沿空留巷工程实践,综合采用现场实测、实验室试验、理论分析、数值模拟、工业性试验等方法,系统研究沿空留巷充填区域直接顶变形、载荷传递、承载机制及稳定控制技术,主要结论如下。

7.1　沿空留巷充填区域直接顶强度衰减和剪胀变形规律

综合采用理论分析、室内试验和数值计算的方法,基于对沿空留巷充填区域直接顶力学介质的评估,依据沿空留巷顶板采动应力分布规律,设计了直接顶岩样三轴卸荷试验的应力路径,采用多级轴压多次屈服三轴卸围压试验的方法测定了不同阶段初始损伤岩样的卸荷力学参数,建立了考虑岩石峰后剪胀效应的沿空留巷充填区域反复受载直接顶卸荷力学应变软化模型,并在 FLAC³ᴰ 软件中实现了考虑沿空留巷充填区域直接顶强度衰减和剪胀变形的数值计算,主要结论如下:

(1) 基于对沿空留巷充填区域直接顶力学介质的评估,采用室内试验的方法,通过开展多级轴压多次屈服卸围压试验,测试得到了直接顶峰后损伤岩样力学参数随塑性剪切应变的函数关系式:

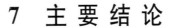

$$\begin{cases} E = 778.88e^{(-\gamma_p/0.000\,273\,98)} + 9.595 \\ C_i = 17.92e^{(-\gamma_p/0.001\,61)} + 18.39 \\ \varphi_i = 15.377e^{(-\gamma_p/0.001\,22)} + 20.37 \\ \psi = -110.51e^{(-\gamma_p/0.002\,98)} + 84.76 \end{cases}$$

通过对塑性剪切应变与 FLAC³ᴰ 软件中的塑性参数进行替换,建立了基于卸荷力学试验的沿空留巷充填区域直接顶应变软化数值计算模型。

(2) 采用迭代反演分析的方法,以新元煤矿 3107 工作面沿空留巷工程实践监测得到的围岩变形及钻孔应力作为已知特征值,再次验证了所建立的基于卸荷力学试验的沿空留巷充填区域直接顶应变软化数值计算模型的合理性。

7.2　沿空留巷充填区域直接顶不同时期应力分布规律

采用理论分析的方法，基于弹性力学和损伤力学，采用变分法计算并给出了沿空留巷充填区域直接顶垂直应力和水平应力的表达式，分析研究了不同时期充填区域直接顶的受力状态和应力分布特征，得到了不同时期内充填区域直接顶拉应力作用范围和水平错动范围，从而揭示了沿空留巷充填区域直接顶灾变的力学机制，主要得出以下结论：

（1）考虑到沿空留巷顶板活动规律和不同时期的结构特征，将沿空留巷充填区域直接顶受载时期分为工作面液压支架支撑阶段、无巷旁充填体支撑阶段（临时支护阶段）、巷旁充填体增阻支撑阶段和巷旁充填体稳定支撑阶段。

（2）采用弹性损伤力学和能量变分理论，给出了沿空留巷充填区域直接顶垂直应力和水平应力表达式，研究得到了工作面液压支架支撑护顶阶段、无巷旁充填体支撑阶段（临时支护阶段）、巷旁充填体增阻支撑阶段、巷旁充填体稳定支撑阶段充填区域直接顶垂直应力和水平应力分布特征：

① 每个阶段内充填区域直接顶厚度方向上均存在一个垂直应力零点，且随着顶板回转下沉角的增大，充填区域直接顶垂直应力零点位置逐渐下降。

② 每个阶段内充填区域直接顶厚度方向上至少存在一个水平应力零点，即水平应力出现作用方向转向，在液压支架支撑阶段和无巷旁充填体支撑阶段均只有一个水平应力零点，水平应力零点位置由直接顶中部厚度以下逐渐上升到中部厚度以上；在巷旁充填体增阻支撑阶段和巷旁充填体稳定支撑阶段均有两个水平应力零点，分别位于直接顶中部厚度上方和下方；充填区域直接顶岩体将出现层间的水平错动。

（3）根据沿空留巷充填区域直接顶垂直应力和水平应力表达式，给出了充填区域直接顶拉应力作用范围和水平错动范围的计算式，结果表明：无论处于哪个阶段，充填区域直接顶浅部岩层均处于拉应力作用范围，且随着顶板回转下沉角的增大，拉应力作用范围逐渐减小，水平错动范围逐渐增大（直接顶水平错动起始点向直接顶下表面靠近，结束点向直接顶上表面靠近）。

7.3　沿空留巷充填区域直接顶变形、载荷传递及承载作用机制

综合采用理论分析和数值计算的方法，首先分析充填区域直接顶变形特征影响因素及影响规律，研究沿空留巷充填区域直接顶的变形（旋转下沉变形和离

层变形)机制;然后通过对沿空留巷充填区域直接顶传递载荷和承载作用机制进行研究,揭示了沿空留巷直接顶的不均匀受力特征和两帮的不均衡承载特征,建立了沿空留巷巷旁支撑系统载荷传递作用力学模型和沿空留巷充填区域直接顶承载力学模型,推导出了沿空留巷充填区域直接顶载荷传递能力计算式、沿空留巷直接顶不均匀受力系数计算式和沿空留巷充填区域直接顶承载能力计算式,研究了充填区域直接顶载荷传递能力、直接顶不均匀受力系数和直接顶承载能力影响因素和影响规律,主要得出以下结论:

(1)采用数值计算的方法,研究了巷旁充填体宽度、直接顶岩性、直接顶厚度与煤层厚度比值等因素对沿空留巷充填区域直接顶变形特征影响规律,结果表明:① 随着直接顶厚度与煤层厚度比值的增大,沿空留巷充填区域直接顶下沉量逐渐增大,顶板离层量和直接顶厚度与煤层厚度比值基本呈负指数函数关系;② 随着直接顶强度的增大,基本顶回转下沉角减小,直接顶承载能力和抗变形能力增大,沿空留巷充填区域直接顶下沉量迅速减小,直接顶与基本顶间的离层量迅速减小;③ 随着巷旁充填体宽度的增大,沿空留巷充填区域直接顶下沉量逐渐增大,充填区域直接顶和基本顶间的离层量与巷旁充填体宽度基本呈二次函数关系;当巷旁充填体宽度小于 2.3 m 时,随着巷旁充填体宽度的增大,充填区域直接顶和基本顶间的离层量逐渐减小;当巷旁充填体宽度大于 2.3 m 时,随着巷旁充填体宽度的增大,充填区域直接顶和基本顶间的离层量逐渐增大,这是由于巷旁充填体宽度的增加无法改变上覆基本顶的破断形式,基本顶在工作面回采期间首先在实煤体上方发生破断。

(2)采用弹性损伤力学建立了沿空留巷巷旁支撑系统载荷传递作用力学模型,推导得到了巷旁支撑系统载荷传递能力计算式,结果表明:随着直接顶弹性模量的增大,巷旁支撑系统载荷传递能力增加;随着直接顶损伤变量的增大,巷旁支撑系统载荷传递能力减小;随着巷旁充填体弹性模量的增大,巷旁支撑系统刚度越大,巷旁支撑系统载荷传递能力越大。

(3)通过定义沿空留巷直接顶不均匀受力系数 k_{a1} 为实煤体上方直接顶和巷旁充填体充填体上方直接顶的受力比值,定义沿空留巷两帮不均衡承载系数 k_{a2} 为实煤体和巷旁充填体的受力比值,推导得到了相应的计算式,结果表明:直接顶不均匀受力系数与两帮不均衡承载系数相等;当实煤体弹性模量大于巷旁充填体弹性模量时,随着直接顶弹性模量的增大,沿空留巷直接顶不均匀受力系数增大;当实煤体弹性模量小于巷旁充填体弹性模量时,随着直接顶弹性模量的增大,沿空留巷直接顶不均匀受力系数减小;随着实煤体弹性模量的增大或巷旁充填体弹性模量的减小,直接顶不均匀受力系数急速增大而后趋于稳定;实煤体弹性模量增大对不均衡承载系数的影响程度明显大于巷旁充填体的弹性模量增大;直接顶损伤变量越大,沿空留巷不均匀受力系数越大,且增加幅度越来越大。

（4）采用极限平衡理论,将充填区域直接顶分为剪切滑移带贯通型和剪切滑移带未贯通型,建立了沿空留巷充填区域直接顶承载力学模型,分别得到了充填区域直接顶承载能力的计算式,结果表明:充填区域直接顶的承载能力与采空侧对充填区域直接顶的水平侧向作用力、直接顶的单轴抗压强度正相关,直接顶内摩擦角 φ_i 与充填区域塑性范围直接顶的围压效应系数呈正相关。

7.4　沿空留巷充填区域直接顶稳定控制技术

基于沿空留巷充填区域直接顶受力状态、变形特征及其载荷传递、承载作用特征,研究了锚杆支护对直接顶岩体剪胀变形的控制作用,并分析了沿空留巷充填区域直接顶和基本顶离层变形的控制原理,开发了沿空留巷充填区域直接顶分区域动态加固稳定控制技术,主要结论有:

（1）采用理论计算的方法,建立了锚杆支护控制岩体剪胀变形力学模型,得到了锚杆支护对岩体剪切滑移带抗剪强度增量计算式,结果表明:锚杆剪切力对剪切滑移带提供的抗剪强度 τ_{bs} 与锚杆的直径、锚杆布置密度正相关,与剪切滑移带剪胀角负相关,与锚杆预紧力无关;锚杆轴力对剪切滑移带提供的抗剪强度 τ_{bj} 与锚杆布置密度、锚杆预紧力正相关,与锚杆直径、剪切滑移带剪胀角无关;随着锚杆与剪切滑移带夹角的增大,锚杆轴力对剪切滑移带提供的抗剪强度 τ_{bj} 逐渐减小,抗剪强度增量和与锚杆剪切力对剪切滑移带提供的抗剪强度 τ_{bs} 先增大后减小;当锚杆与剪切滑移带夹角在 $80°\sim100°$ 之间时,抗剪强度增量和与锚杆剪切力对剪切滑移带提供的抗剪强度 τ_{bs} 达到最大值。

（2）锚杆支护对顶板剪胀变形的控制效果数值分析表明:锚杆轴力在低围压区域随着围压的增加而增大,在高围压区域随着围压的增大而减小;锚杆支护改善了巷道开挖表面的围压环境,有效抑制了开挖产生的低围压区域顶板的剪胀变形。

（3）根据悬臂梁挠度叠加原理,分别得到了充填区域是否采用锚索加固的充填区域直接顶与基本顶离层量计算式,结果表明:充填区域直接顶和基本顶的离层量与充填区域支护强度、充填区域外侧临时支护强度、巷内支护强度、实煤体帮支护强度、充填区域外侧临时支护宽度呈负相关,与沿空留巷宽度呈正相关;当充填区域提前采用锚索将直接顶和基本顶锚固在一起时,充填区域直接顶与基本顶间的离层消失,所需的各项支护强度较未采用锚索支护低。

（4）针对沿空留巷充填区域直接顶的剪胀变形和直接顶与基本顶的离层变形,提出了分区域动态加固稳定控制技术:工作面超前采动影响区域以外提前采

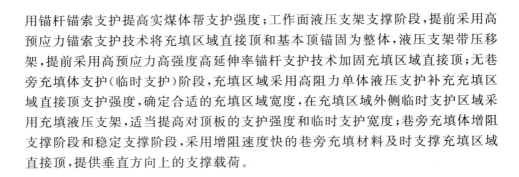

用锚杆锚索支护提高实煤体帮支护强度;工作面液压支架支撑阶段,提前采用高预应力锚索支护技术将充填区域直接顶和基本顶锚固为整体,液压支架带压移架,提前采用高预应力高强度高延伸率锚杆支护技术加固充填区域直接顶;无巷旁充填体支护(临时支护)阶段,充填区域采用高阻力单体液压支护补充充填区域直接顶支护强度,确定合适的充填区域宽度,在充填区域外侧临时支护区域采用充填液压支架,适当提高对顶板的支护强度和临时支护宽度;巷旁充填体增阻支撑阶段和稳定支撑阶段,采用增阻速度快的巷旁充填材料及时支撑充填区域直接顶,提供垂直方向上的支撑载荷。

7.5　工程实践及效果

　　根据沿空留巷充填区域直接顶稳定控制技术,针对新元煤矿 500 m 埋深、采高 2.8 m、沿空留巷宽度 5.2 m 的生产地质条件,在新元煤矿 3107 辅助进风巷实施了沿空留巷工程,现场应用表明,沿空留巷充填区域直接顶分区域动态加固稳定控制技术有效控制了充填区域顶板的稳定性,沿空留巷围岩整体效果良好。

参 考 文 献

[1] 薛毅.当代中国煤炭工业发展述论[J].中国矿业大学学报(社会科学版),
2013,15(4):87-94.

[2] 国家发展和改革委员会.煤炭工业发展"十二五"规划:二〇一二年三月
[N].中国煤炭报,2012-03-23(2).

[3] YUAN L. Study on critical,modern technology for mining in gassy deep mines
[J]. Journal of China University of Mining and Technology,2007,17(2):
226-231.

[4] ZHANG N,YUAN L,HAN C L,et al. Stability and deformation of surrounding
rock in pillarless gob-side entry retaining[J]. Safety science,2012,50(4):
593-599.

[5] CHEN Y,BAI J B,YAN S,et al. Control mechanism and technique of floor
heave with reinforcing solid coal side and floor corner in gob-side coal entry
retaining[J].International journal of mining science and technology,2012,
22(6):841-845.

[6] 缪协兴.采动岩体的力学行为研究与相关工程技术创新进展综述[J].岩石
力学与工程学报,2010,29(10):1988-1998.

[7] 康红普,牛多龙,张镇,等.深部沿空留巷围岩变形特征与支护技术[J].岩石
力学与工程学报,2010,29(10):1977-1987.

[8] 张农,韩昌良,阚甲广,等.沿空留巷围岩控制理论与实践[J].煤炭学报,
2014,39(8):1635-1641.

[9] 列灭佐夫,吴杰.用沿空留巷减少准备工作量的经验[J].煤炭技术,1992,11
(2):23-26.

[10] 捷列吉耶夫,袁汉春.沿空留巷的试验[J].中州煤炭,1992(4):42-45.

[11] 孙恒虎,吴健,邱运新.沿空留巷的矿压规律及岩层控制[J].煤炭学报,
1992,17(1):15-24.

[12] DENG Y H,TANG J X,ZHU X K,et al. Analysis and application in
controlling surrounding rock of support reinforced roadway in gob-side

entry with fully mechanized mining[J]. Mining science and technology, 2010,20(6):839-845.

[13] DENG Y H,WANG S Q. Feasibility analysis of gob-side entry retaining on a working face in a steep coal seam[J]. International journal of mining science and technology,2014,24(4):499-503.

[14] FAN G W,ZHANG D S,WANG X F. Reduction and utilization of coal mine waste rock in China: a case study in Tiefa coalfield[J]. Resources, conservation and recycling,2014,83:24-33.

[15] LI Q Z,LIN B Q,YANG W,et al. Gas control technology and engineering practice for three-soft coal seam with low permeability in XuanGang region,China[J]. Procedia engineering,2011,26:560-569.

[16] MA Z G,GONG P,FAN J Q,et al. Coupling mechanism of roof and supporting wall in gob-side entry retaining in fully-mechanized mining with gangue backfilling[J]. Mining science and technology,2011,21(6): 829-833.

[17] NING J G,WANG J,LIU X S,et al. Soft-strong supporting mechanism of gob-side entry retaining in deep coal seams threatened by rockburst[J]. International journal of mining science and technology, 2014, 24 (6): 805-810.

[18] SU H,BAI J B,YAN S,et al. Study on gob-side entry retaining in fully-mechanized longwall with top-coal caving and its application [J]. International journal of mining science and technology, 2015, 25 (3): 503-510.

[19] TAN Y L,YU F H,NING J G,et al. Design and construction of entry retaining wall along a gob side under hard roof stratum[J]. International journal of rock mechanics and mining sciences,2015,77:115-121.

[20] WANG L G,SONG Y,HE X H,et al. Side abutment pressure distribution by field measurement[J]. Journal of China University of Mining and Technology,2008,18(4):527-530.

[21] WANG H S,ZHANG D S,FAN G W. Structural effect of a soft-hard backfill wall in a gob-side roadway[J]. Mining science and technology, 2011,21(3):313-318.

[22] ZHANG Q,ZHANG J X,GUO S,et al. Design and application of solid, dense backfill advanced mining technology with two pre-driving entries

[J]. International journal of mining science and technology, 2015, 25(1): 127-132.

[23] ZHANG Y Q, TANG J X, XIAO D Q, et al. Spontaneous caving and gob-side entry retaining of thin seam with large inclined angle[J]. International journal of mining science and technology, 2014, 24(4): 441-445.

[24] ZHOU B J, XU J H, ZHAO M S, et al. Stability study on naturally filling body in gob-side entry retaining[J]. International journal of mining science and technology, 2012, 22(3): 423-427.

[25] 郑西贵,白云勃. 深井沿空留巷充填区顶板支护技术[J]. 煤矿开采,2012, 17(3): 42-45.

[26] 阚甲广,袁亮,张农,等. 留巷充填区域顶板承载性能研究[J]. 煤炭学报, 2011, 36(9): 1429-1434.

[27] 李化敏. 沿空留巷顶板岩层控制设计[J]. 岩石力学与工程学报,2000,19 (5): 651-654.

[28] 韩昌良,张农,姚亚虎,等. 沿空留巷厚层复合顶板传递承载机制[J]. 岩土 力学,2013,34(增刊1): 318-323.

[29] 庄又军,刘汉慈,张帅. 复合顶板综采面沿空留巷技术研究与应用[J]. 金属 矿山,2013(6): 38-41.

[30] ZHANG Z Z, BAI J B, CHEN Y, et al. An innovative approach for gob-side entry retaining in highly gassy fully-mechanized longwall top-coal caving[J]. International journal of rock mechanics and mining sciences, 2015, 80: 1-11.

[31] 魏风清,陈名强. 英国高水速凝材料巷旁支护的矿压显现特征[J]. 中州煤 炭,1992,14(1): 34-39.

[32] 毕国旗. 高水材料充填留巷技术中的关键问题[J]. 矿山压力与顶板管理, 2002,19(3): 6-7.

[33] 王庆水. 两硬条件下沿空留巷顶板结构及充填技术[J]. 煤炭科学技术, 2013,41(增刊1): 26-29.

[34] 吴健,孙恒虎. 巷旁支护载荷和变形设计[J]. 矿山压力,1986,3(2): 2-11.

[35] 郭育光,柏建彪,侯朝炯. 沿空留巷巷旁充填体主要参数研究[J]. 中国矿业 大学学报,1992,21(4): 1-11.

[36] 陈勇,柏建彪,朱涛垒,等. 沿空留巷巷旁支护体作用机制及工程应用[J]. 岩土力学,2012,33(5): 1427-1432.

[37] 陈勇,柏建彪,王襄禹,等. 沿空留巷巷内支护技术研究与应用[J]. 煤炭学

报,2012,37(6):903-910.

[38] 翟来军.综采原位沿空留巷围岩控制技术研究[J].中国煤炭工业,2014,30(2):42-43.

[39] 王继承,茅献彪,朱庆华,等.综放沿空留巷顶板锚杆剪切变形分析与控制[J].岩石力学与工程学报,2006,25(1):34-39.

[40] 缪协兴,茅献彪,朱川曲,等.综放沿空巷道顶部锚杆剪切变形分析[J].煤炭学报,2005,30(6):681-684.

[41] 权景伟,柏建彪,种道雪,等.沿空留巷锚杆支护技术研究及应用[J].煤炭科学技术,2006,34(12):60-61,68.

[42] 雷转霖,柏建彪,陈勇,等.深部矿井沿空留巷围岩控制技术研究[J].煤矿开采,2014,19(5):16-19,40.

[43] 华心祝,马俊枫,许庭教.锚杆支护巷道巷旁锚索加强支护沿空留巷围岩控制机理研究及应用[J].岩石力学与工程学报,2005,24(12):2107-2112.

[44] 刘坤,张晓明,李家卓,等.薄煤层坚硬顶板工作面沿空留巷技术实践[J].煤炭科学技术,2011,39(4):17-20.

[45] 孙晓明,刘鑫,梁广峰,等.薄煤层切顶卸压沿空留巷关键参数研究[J].岩石力学与工程学报,2014,33(7):1449-1456.

[46] 韩昌良,张农,钱德雨,等.大采高沿空留巷顶板安全控制及跨高比优化分析[J].采矿与安全工程学报,2013,30(3):348-354.

[47] 薛俊华,韩昌良.大采高沿空留巷围岩分位控制对策与矿压特征分析[J].采矿与安全工程学报,2012,29(4):466-473.

[48] 布铁勇,冯光明,贾凯军.大采高综采沿空留巷巷旁充填支护技术[J].煤炭科学技术,2010,38(11):41-44,96.

[49] 邢继亮,李永亮,李峥,等.大断面巷道沿空留巷巷旁充填体受力分析与加固[J].中国煤炭,2013,39(4):60-62.

[50] 郭统一,张自政,冯平海,等.厚煤层坚硬顶板工作面沿空留巷技术[J].煤矿安全,2014,45(9):72-74,78.

[51] 宁建国,马鹏飞,刘学生,等.坚硬顶板沿空留巷巷旁"让-抗"支护机理[J].采矿与安全工程学报,2013,30(3):369-374.

[52] 史英男,张洪栋,王晓卿,等.交替变化顶板条件沿空留巷围岩控制技术[J].煤矿安全,2014,45(3):65-68.

[53] 段微亮.近距离采空区下无煤柱连续开采技术的研究与应用[J].煤炭与化工,2013,36(12):41-44.

[54] 杨百顺,谢洪,凌志迁.深井开采沿空留巷顶板锚杆强化控制技术研究[J].

中国安全生产科学技术,2010,6(4):50-55.

[55] 高魁,刘泽功,刘健,等.深孔爆破在深井坚硬复合顶板沿空留巷强制放顶中的应用[J].岩石力学与工程学报,2013,32(8):1588-1594.

[56] 华心祝.我国沿空留巷支护技术发展现状及改进建议[J].煤炭科学技术,2006,34(12):78-81.

[57] 韩昌良.沿空留巷围岩应力优化与结构稳定控制[D].徐州:中国矿业大学,2013.

[58] 韩昌良,张农,李桂臣,等.覆岩分次垮落时留巷顶板离层形成机制[J].中国矿业大学学报,2012,41(6):893-899.

[59] 张凯,周辉,潘鹏志,等.不同卸荷速率下岩石强度特性研究[J].岩土力学,2010,31(7):2072-2078.

[60] 陈卫忠,吕森鹏,郭小红,等.基于能量原理的卸围压试验与岩爆判据研究[J].岩石力学与工程学报,2009,28(8):1530-1540.

[61] 张宏博,宋修广,黄茂松,等.不同卸荷应力路径下岩体破坏特征试验研究[J].山东大学学报(工学版),2007,37(6):83-86.

[62] COOK N G W,HOJEM J P M. A rigid50-ton compression and tension testing machine[J]. South Africa mechanical engineering,1966,16:89-92.

[63] SHIMAMOTO T. Confining pressure reduction experiments:a new method for measuring frictional strength over a wide range of normal stress[J]. International journal of rock mechanics and mining sciences & geomechanics abstracts,1985,22(4):227-236.

[64] 李天斌,王兰生.卸荷应力状态下玄武岩变形破坏特征的试验研究[J].岩石力学与工程学报,1993,12(4):321-327.

[65] 尤明庆,华安增.岩石试样的三轴卸围压试验[J].岩石力学与工程学报,1998,17(1):24-29.

[66] 高春玉,徐进,何鹏,等.大理岩加卸载力学特性的研究[J].岩石力学与工程学报,2005,24(3):456-460.

[67] 邱士利,冯夏庭,张传庆,等.不同初始损伤和卸荷路径下深埋大理岩卸荷力学特性试验研究[J].岩石力学与工程学报,2012,31(8):1686-1697.

[68] 邱士利,冯夏庭,张传庆,等.不同卸围压速率下深埋大理岩卸荷力学特性试验研究[J].岩石力学与工程学报,2010,29(9):1807-1817.

[69] 牛双建,靖洪文,梁军起.不同加载路径下砂岩破坏模式试验研究[J].岩石力学与工程学报,2011,30(增刊2):3966-3974.

[70] 王瑞红,李建林,蒋昱州,等.开挖卸荷对砂岩力学特性影响试验研究[J].

岩土力学,2010,31(增刊1):156-162.

[71] 周家文,杨兴国,符文熹,等.脆性岩石单轴循环加卸载试验及断裂损伤力学特性研究[J].岩石力学与工程学报,2010,29(6):1172-1183.

[72] 郭印同,杨春和,付建军.盐岩三轴卸荷力学特性试验研究[J].岩土力学,2012,33(3):725-730,738.

[73] 姜德义,范金洋,陈结,等.盐岩在围压卸荷作用下的扩容特征研究[J].岩土力学,2013,34(7):1881-1886.

[74] 原先凡.砂质泥岩卸荷流变力学特性研究[D].宜昌:三峡大学,2014.

[75] 周鹏.建筑软岩边坡开挖施工力学分析与锚喷支护优化设计[D].重庆:重庆大学,2012.

[76] 王宇.软岩瞬时及流变力学特性试验研究[D].武汉:武汉大学,2012.

[77] 刘泉声,刘恺德,卢兴利,等.高应力下原煤三轴卸荷力学特性研究[J].岩石力学与工程学报,2014,33(增刊2):3429-3438.

[78] GAO F, ZHOU K P, LUO X W, et al. Effect of induction unloading on weakening of rock mechanics properties[J]. Transactions of nonferrous metals society of China,2012,22(2):419-424.

[79] HUANG B X, LIU J W. The effect of loading rate on the behavior of samples composed of coal and rock[J]. International journal of rock mechanics and mining sciences,2013,61:23-30.

[80] HUANG D, LI Y R. Conversion of strain energy in Triaxial Unloading Tests on Marble[J]. International journal of rock mechanics and mining sciences,2014,66:160-168.

[81] MARTIN C D. Seventeenth Canadian Geotechnical Colloquium:the effect of cohesion loss and stress path on brittle rock strength[J]. Canadian geotechnical journal,1997,34(5):698-725.

[82] LAU J S O, CHANDLER N A. Innovative laboratory testing[J]. International journal of rock mechanics and mining sciences,2004,41(8):1427-1445.

[83] 谢和平,高峰,鞠杨,等.深部开采的定量界定与分析[J].煤炭学报,2015,40(1):1-10.

[84] 谢和平,周宏伟,刘建锋,等.不同开采条件下采动力学行为研究[J].煤炭学报,2011,36(7):1067-1074.

[85] 左建平,刘连峰,周宏伟,等.不同开采条件下岩石的变形破坏特征及对比分析[J].煤炭学报,2013,38(8):1319-1324.

[86] 鞠杨,谢和平.基于应变等效性假说的损伤定义的适用条件[J].应用力学

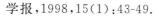

学报,1998,15(1):43-49.

[87] 谢和平,鞠杨,董毓利.经典损伤定义中的"弹性模量法"探讨[J].力学与实践,1997,19(2):1-5.

[88] 曹文贵,赵衡,张玲,等.考虑损伤阀值影响的岩石损伤统计软化本构模型及其参数确定方法[J].岩石力学与工程学报,2008,27(6):1148-1154.

[89] 曹瑞琅,贺少辉,韦京,等.基于残余强度修正的岩石损伤软化统计本构模型研究[J].岩土力学,2013,34(6):1652-1660.

[90] 李伟红.卸荷条件下岩石力学特性的试验研究[D].西安:西安理工大学,2008.

[91] 刘建锋,裴建良,张茹,等.基于多级荷载试验的岩石损伤模量探讨[J].岩石力学与工程学报,2012,31(增刊1):3145-3151.

[92] 刘建锋,徐进,裴建良,等.盐岩损伤测试中卸载模量研究[J].四川大学学报(工程科学版),2011,43(4):57-62.

[93] 彭瑞东,鞠杨,高峰,等.三轴循环加卸载下煤岩损伤的能量机制分析[J].煤炭学报,2014,39(2):245-252.

[94] 孙旭曙.节理岩体卸荷各向异性力学特性试验研究及工程应用[D].武汉:武汉大学,2013.

[95] VERMEER P A,DE BORST R. Non-associated plasticity for soils,concrete and rock[J]. Heron,1984,29(3):64.

[96] HOEK E,BROWN E T. Practical estimates of rock mass strength[J]. International journal of rock mechanics and mining sciences,1997,34(8):1165-1186.

[97] 陈学章,何江达,肖明砾,等.三轴卸荷条件下大理岩扩容与能量特征分析[J].岩土工程学报,2014,36(6):1106-1112.

[98] YUAN S C,HARRISON J P. An empirical dilatancy index for the dilatant deformation of rock[J]. International journal of rock mechanics and mining sciences,2004,41(4):679-686.

[99] ZHAO X G,CAI M. A mobilized dilation angle model for rocks[J]. International journal of rock mechanics and mining sciences,2010,47(3):368-384.

[100] 李胜,李军文,范超军,等.综放沿空留巷顶板下沉规律与控制[J].煤炭学报,2015,40(9):1989-1994.

[101] 李迎富,华心祝.沿空留巷顶板稳定性分析及其控制[J].煤炭工程,2011,43(1):54-57.

[102] 卢小雨.深井大断面沿空留巷围岩稳定控制机理研究[D].淮南:安徽理工大学,2013.

[103] 陈勇.沿空留巷围岩结构运动稳定机理与控制研究[D].徐州:中国矿业大学,2012.

[104] 张自政,陈勇,刘学勇,等.沿空留巷直接顶受力变形理论分析[J].矿业安全与环保,2013,40(5):96-100.

[105] 张自政,柏建彪,陈勇,等.沿空留巷不均衡承载特征探讨与应用分析[J].岩土力学,2015,36(9):2665-2673.

[106] 唐建新,邓月华,涂兴东,等.锚网索联合支护沿空留巷顶板离层分析[J].煤炭学报,2010,35(11):1827-1831.

[107] 李迎富,华心祝,蔡瑞春.沿空留巷关键块的稳定性力学分析及工程应用[J].采矿与安全工程学报,2012,29(3):357-364.

[108] 周金城.柔性模板泵注混凝土在沿空留巷支护中的应用[J].煤炭科学技术,2012,40(增刊1):36-39.

[109] 曹树刚,王勇,邹德均,等.倾斜煤层沿空留巷力学模型分析[J].重庆大学学报,2013,36(5):143-150.

[110] 郑钢镖.特厚煤层大断面煤巷顶板离层及锚固效应研究[D].太原:太原理工大学,2006.

[111] 张百胜,康立勋,杨双锁.大断面全煤巷道层状顶板离层变形模拟研究[J].采矿与安全工程学报,2006,23(3):264-267.

[112] 吴德义,申法建.巷道复合顶板层间离层稳定性量化判据选择[J].岩石力学与工程学报,2014,33(10):2040-2046.

[113] 杨风旺,毛灵涛.巷道顶板离层临界值确定[J].煤炭工程,2009,41(6):66-69.

[114] 严红.特厚煤层巷道顶板变形机理与控制技术[D].北京:中国矿业大学(北京),2013.

[115] 王金安,吴绍倩.沿空留巷在顶板垮落过程中围岩受力动态模拟研究[J].煤炭学报,1989,14(4):30-38.

[116] 康立军.长壁综合放开采支架与顶煤相互作用关系研究[D].天津:南开大学,2000.

[117] 苏海.高瓦斯综放沿空留巷围岩稳定控制与瓦斯治理技术研究[D].北京:中国矿业大学(北京),2015.

[118] 成云海,姜福兴,李海燕.沿空巷旁分层充填留巷试验研究[J].岩石力学与工程学报,2012,31(增刊2):3864-3868.

[119] 杨百顺. 顾桥矿深井开采沿空留巷顶板控制技术研究[D]. 徐州:中国矿业大学,2008.

[120] 张国华. 主动支护下沿空留巷顶板破碎原因分析[J]. 煤炭学报,2005,30(4):429-432.

[121] 张凯,张涛. 沿空留巷主动控顶区补强加固措施[J]. 煤炭技术,2014,33(9):107-109.

[122] 张镇,康红普. 深部沿空留巷巷内锚杆支护机理及选型设计[J]. 铁道建筑技术,2011,28(9):1-5.

[123] 赵星光,蔡美峰,蔡明,等. 地下工程岩体剪胀与锚杆支护的相互影响[J]. 岩石力学与工程学报,2010,29(10):2056-2062.

[124] 周保精. 充填体—围岩协调变形机制与沿空留巷技术研究[D]. 徐州:中国矿业大学,2012.

[125] 谢和平,彭苏萍,何满潮. 深部开采基础理论与工程实践[M]. 北京:科学出版社,2006.

[126] 吴顺川,李利平,张晓平. 岩石力学[M]. 北京:高等教育出版社,2021.

[127] HOEK E,BROWN E T. Empirical strength criterion for rock masses[J]. Journal of the geotechnical engineering division,1980,106(9):1013-1035.

[128] 东兆星,刘刚. 井巷工程[M]. 3 版. 徐州:中国矿业大学出版社,2013.

[129] 李宏哲,夏才初,许崇帮,等. 基于多级破坏方法确定岩石卸荷强度参数的试验研究[J]. 岩石力学与工程学报,2008,27(增刊1):2681-2686.

[130] 高春玉,徐进,何鹏,等. 大理岩卸载变形特征及力学参数的损伤研究[C]//第八次全国岩石力学与工程学术大会论文集. 成都:[出版者不详],2004:170-173.

[131] 黄润秋,黄达. 高地应力条件下卸荷速率对锦屏大理岩力学特性影响规律试验研究[J]. 岩石力学与工程学报,2010,29(1):21-33.

[132] ALEJANO L R,ALONSO E. Considerations of the dilatancy angle in rocks and rock masses[J]. International journal of rock mechanics and mining sciences,2005,42(4):481-507.

[133] LI W F,BAI J B,PENG S,et al. Numerical modeling for yield pillar design:a case study[J]. Rock mechanics and rock engineering,2015,48(1):305-318.

[134] ESTERHUIZEN E,MARK C,MURPHY M M. Numerical model calibration for simulating coal pillars,gob and overburden response[C]//29th

International Conference on Ground Control in Mining，ICGCM. Morgantown：[s. n.]，2010.

[135] YAVUZ H. An estimation method for cover pressure re-establishment distance and pressure distribution in the goaf of longwall coal mines[J]. International journal of rock mechanics and mining sciences，2004，41(2)：193-205.

[136] MORSY K，PENG S. Numerical modeling of the gob loading mechanism in longwall coal mines[C]//Proceedings 21st International Conference on Ground Control in Mining. Morgantown：[s. n.]，2002.

[137] CARR F，WILSON A H. A new approach to the design of multientry developments of retreat longwall mining[C]//1st International Conference on Ground Control in Mining. Morgantown：West Virginia，1982：1-21.

[138] SMART B G D，HALEY S M. Further development of the roof strata tilt concept for pack design and the estimation of stress development in a caved waste[J]. Mining science and technology，1987，5(2)：121-130.

[139] MOHAMMAD N，REDDISH D J，STACE L R. The relation between in situ and laboratory rock properties used in numerical modelling[J]. International journal of rock mechanics and mining sciences，1997，34(2)：289-297.

[140] 蔡美峰.岩石力学与工程[M].北京：科学出版社，2002.

[141] 孙恒虎，赵炳利.沿空留巷的理论与实践[M].北京：煤炭工业出版社，1993.

[142] 孙恒虎，黄玉诚，毕华照.综采大断面巷道泵送高水速凝材料护巷技术[J].煤炭学报，1994，19(1)：49-57.

[143] 漆泰岳.沿空留巷整体浇注护巷带主要参数及其适应性[J].中国矿业大学学报，1999，28(2)：122-125.

[[144] 漆泰岳，郭育光，侯朝炯.沿空留巷整体浇注护巷带适应性研究[J].煤炭学报，1999，24(3)：256-260.

[145] 葛修润，刘建武.加锚节理面抗剪性能研究[J].岩土工程学报，1988，10(1)：8-19.

[146] 陈文强，贾志欣，赵宇飞，等.剪切过程中锚杆的轴向和横向作用分析[J].岩土力学，2015，36(1)：143-148.

[147] 张伟，刘泉声.节理岩体锚杆的综合变形分析[J].岩土力学，2012，33(4)：1067-1074.

[148] PELLET F，EGGER P. Analytical model for the mechanical behaviour of

bolted rock joints subjected to shearing[J]. Rock mechanics and rock engineering,1996,29(2):73-97.

[149] HOLMBERGE M.The mechanical behaviour of untensioned grouted rock bolts [M]. Stockholm,Sweden:Royal Institute of Technology ,1991.

参考文献